KB100403

이 책의 레시피 작업을 마무리하고 있던 3월의 어느 아침 우리 곁을 떠난
나의 친구 도미니크에게,
당신을 그리워하는 사람이 나 혼자만은 아닐 겁니다.
우리의 마음 속에, 우리의 삶 속에서 당신이 차지하고 있던 자리는 너무도 컸으니까요...
우리의 미식 역사에 대해 쓴 이 책을 당신에게 헌정합니다.
당신은 내 역사의 일부였고 지금도, 그리고 앞으로도 영원히 함께할 것이니까요...

GUILLAUME GOMEZ

À LA TABLE DES PRÉSIDENTS

대통령의 식탁

기욤 고메즈 지음
강현정 옮김

CITRON MACARON

차례

요리는 각 나라를 연상케 하는 이미지를 만들어냅니다. 이것은 한 나라의 영토, 지리, 기후의 표현이라고도 할 수 있습니다. 프랑스 공화국의 대통령은 우리의 미식 문화와 테루아가 지닌 가치와 중요성 그리고 이를 멋지게 승화시킬 줄 아는 요리사들을 소중히 여기고 돋보이게 할 의무를 갖고 있습니다. 엘리제궁의 주방은 이것을 잘 보여주는 진열장이며 이는 프랑스식 우수함의 표상이라 할 수 있습니다.
국가 정상 만찬에서부터 간단한 실무 오찬에 이르기까지 엘리제궁에서 제공하는 모든 식사는 대통령에게나 초청 인사에게나 비록 일시적이긴 하지만 친밀하고 깊숙하게 프랑스를 표현하는 작품입니다. 세브르(Sèvres)산 식기에서부터 우아하고 품격있는 서빙은 물론 꽃 장식에 이르기까지 모든 것이 눈을 즐겁게 합니다. 하나하나가 전부 아름다운 조화를 이루고 있으며 물론 그 정점은 요리가 담긴 접시들 안에서 확연히 드러납니다.
2012년 5월, 엘리제궁을 떠나기 며칠 전 저는 프랑스 국가 명장(Meilleur Ouvrier de France)인 기욤 고메즈 셰프에게 레지옹 도뇌르 슈발리에 국가공로 훈장(Légion d'Honneur Chevalier)을 수여했습니다. 이 수여식은 그의 공로를 치하함은 물론 그를 통해 미식 문화로 프랑스를 빛내는 데 공헌해 온 모든 이들에게 경의를 표하는 계기가 되었습니다. "기욤 고메즈 셰프님, 외국 정상들이 엘리제궁의 요리에 대해 나에게 뭐라고 말하는지 당신이 아신다면 (...) 당신이 프랑스의 국가 이미지 위상을 위해 얼마나 대단한 일을 하고 있는지 상상도 못 할 것입니다(...) 나는 전 세계에서 가장 훌륭한 팀과 함께했습니다. 당신은 프랑스의 영원한 셰프입니다."
기욤 고메즈는 와인 저장고와 주방을 총괄하고 있는 엘리제궁의 명실상부한 또 한 명의 수장이라고 할 수 있습니다. 수많은 초청객들에게 있어 그가 지휘해 서빙했던 식사는 평생에 남을 만한 추억이 될 것이며, 모든 해외 내빈들에게도 이는 몇 시간 동안 경험할 수 있는 프랑스의 매력과 위상으로 각인될 것입니다. 이러한 막중한 책임감을 완벽하게 인지하고 있는 기욤 고메즈 셰프는 언제나 요리 뒤에 서서 자신을 드러내지 않으며 묵묵히 임무에 전념해왔습니다. 이러한 겸손한 태도는 곧 개인의 명성이 아닌 조국 프랑스를 위해 일하고 있다는 마음의 표시라는 것을 잘 알기에 저는 언제나 그에게 감사하는 마음을 갖고 있습니다. 제 대통령 임기 5년 동안 대규모 국가 만찬은 그리 많지 않았습니다. 오히려 저는 좀 더 작은 규모이지만 내밀하고 친숙한 분위기의 식사를 즐겼고, 특히 사람들과 편안한 환경에서 허심탄회하게 의견을 나눌 수 있는 식사 모임들을 더 좋아했습니다. 엘리제궁의 주방은 매번 행사가 있을 때마다 각기 다른 특성과 요청사항에 맞춰 아주 효과적으로 준비하고 대응해왔습니다. 예를 들어 프랑스가 단 하루 만에 바로 다음 날 세계 주요 국가 정상들과 정부 수반들을 소집해 정상회담을 개최했던 경제 위기 상황에서도 마찬가지였습니다. 모든 식사 모임은 사적이든 공적이든 언제나 각 상황에 적절한 의전과 요구사항을 잘 준수해야 합니다. 2009년 캉(Caen)에서 열린 노르망디 상륙작전 기념식 행사에 오바마 대통령과 함께 참석했던 기억이 납니다. 당시 기념식 여러 행사에 참석하느라 발생한 시간 지연으로 인해 우리는 단 15분 만에 점심 식사를 마쳐야 했던 에피소드도 있었습니다.
엘리제궁 요리사들의 실력은 타의 추종을 불허합니다. 그들은 우리 문화유산을 보호하고 지켜내며 이를 미래 세대에게 전수하고자 노력하는 수호자들입니다.
프랑스 공화국을 위해 헌신을 아끼지 않고 매진하는 이 모든 이들에게 다시 한번 깊은 감사와 존경의 마음을 전하고 싶습니다.

니콜라 사르코지
Nicolas Sarkozy

프랑스 공화국 대통령의 식탁은 그저 "평범한" 것일 수 없습니다. 식사에 참석한 내빈들에게 특별함을 선사해야 하기 때문입니다.
제공받는 식사가 독보적일 것이라는 기대와 느낌을 주어야 하며 해당 행사 및 참석자의 중요도나 특성에 맞춘 특별한 상황을 세밀히 고려해 준비되어야 합니다. 이를 위해서는 메뉴, 데커레이션, 서빙에 이르기까지 모든 요소가 그 특별한 순간을 위해 고안되어야 하고 이것은 오랜 세월 쌓인 기록들의 기억에 의해 다시 복기되기 전까지는 같은 형태로 반복되지 않아야 합니다.
이 모든 것에는 프랑스의 정신이 깃들어 있어야 합니다. 식재료, 요리, 와인, 테이블 장식 등에 의외의 신선한 요소를 하나 추가함으로써 식사 참석자의 출신 국가와 관련된 특징을 표현할 수도 있습니다. 예를 들어 디저트 위에 작은 국기 모양을 얹어낸다든지 요리나 플레이팅에 해당 지역의 특별한 양념 등을 곁들일 수 있습니다. 실제로 브라질 대통령이나 일본 총리를 위한 만찬에서 이와 같은 아이디어가 실행되기도 했습니다.
프랑스 제4공화국과 제5공화국의 모든 대통령과 식사의 기회를 가졌던 엘리자베스 영국 여왕의 경우에는 매번 예외조항이 차고 넘쳤습니다. 이미 행했던 방식을 그대로 답습하면 안 되었고 기존에 서빙되었던 적이 있는 요리는 겹치지 않도록 피하면서도 동시에 프랑스를 매우 좋아하고 프랑스인들에게 큰 사랑을 받는 이 여왕의 기호를 잘 맞추어야 하는 등 섬세한 주의를 기울여야 했기 때문입니다.
이러한 점에서 저는 엘리제궁 메뉴의 역사에 대해 꼼꼼한 기록과 지식을 갖고 있으며 이를 바탕으로 무궁무진한 상상력과 창조력을 발휘해 훌륭한 요리를 만들어온 요리사분들께 깊은 경의를 표하는 바입니다.
또한, 2015년 파리에서 개최된 제21차 유엔기후변화협약 당사국총회(COP21) 당시, 전 세계에서 방문한 약 200여 명의 국가 원수 및 고위급 내빈들을 맞이하기 위해 프랑스 최고의 셰프들이 총동원되었고 협약만큼이나 역사적인 오찬을 성공적으로 치러냈습니다. 이 행사는 모든 면에서 훌륭했습니다. 최고의 실력을 갖춘 여러 명의 셰프가 협력해서 구성한 메뉴는 모든 것이 환경 보존을 염두에 둔 방식으로 준비되었기 때문입니다. 우리의 지구를 존중하는 프랑스 미식 문화가 단연코 세계 최고임을 보여주는 계기를 만들어낸 것입니다.

프랑수아 올랑드
François Hollande

흰 색 주방장 모자를 쓴 셰프들은 모두 그 나라를 대표하는 사절단이라고 할 수 있습니다. 하지만 그중에서도 국가 원수나 정부의 수반을 위해 근무하고 있는 요리사들은 더욱더 그러합니다. 아마도 프랑스만큼 미식의 나라로서의 역사가 중요한 나라는 그 어디에도 없을 것입니다.

엘리제궁의 주방에서 일하는 요리사들은 탁월한 프랑스 미식 문화를 언제나 최정상의 위치에 올려놓으면서 공화국 대통령실의 귀빈들을 대접한다는 사명감과 자부심을 갖고 있습니다. 우리의 모든 전통 요리들은 대가의 손에 의해 응용되고 재해석되어 더욱 아름답게 만들어집니다. 이 음식들은 전 세계에서 온 귀빈들에게 제공되어 프랑스의 맛을 전파하는 데 크게 이바지하고 있습니다. 기욤 고메즈 셰프가 공들여 만들어낸 이 프랑스 공화국의 요리 마법서는 바로 이러한 점을 증명하고 있으며, 소개된 많은 공식 오찬 및 국빈 만찬을 통해 우리는 프랑스 테루아의 풍부함, 우수한 기술, 나아가 프랑스식 라이프스타일의 위대함을 확인할 수 있습니다. 우리의 미식 문화를 이루어낸 이 거대한 맛 연계 사슬의 모든 고리들은 대지 위의 노동에서 수확에 이르기까지, 어업, 목축과 사냥 및 포도밭 경작에서 나아가 요리 작업과 접시 플레이팅에 이르기까지 모든 면에서 그 존재감을 나타냅니다. 그 외에 간과하면 안 될 또 다른 중요한 면도 있습니다. 이 식사들은 단지 먹는다는 행위를 넘어 나눔과 교류로 이어지는, 모두가 함께 즐기는 순간이기 때문입니다. 모든 나라의 국가 원수 관저나 궁 안에서 주방을 지휘하는 셰프들은 나라를 통치하는 지도자들을 한 식탁 위에 둘러앉게 만드는 데 일조하고 있습니다. 그들은 이 순간들을 우호와 대화, 평화로의 초대로 만들어줍니다. 이렇듯 엘리제궁의 식탁에서는 프랑스식 존재 방식과 세계를 향해 마음을 여는 기술 사이의 절묘한 연금술이 이루어집니다. 프랑스는 이를 통해 자신의 색깔을 찬란하게 빛내는 동시에 그의 목소리가 들리도록 만들어갑니다.

에마뉘엘 마크롱
Emmanuel Macron

서문

—

기욤 고메즈

"자, 이거 소중히 간직하세요. 여러 해가 지난 뒤 임기를 마칠 때가 되면 이것이 좋은 기념품으로 남을 겁니다." 엘리제궁 수석 셰프였던 프랑스 국가 조리 명장 조엘 노르망(Joël Normand)이 약 25년 전 저에게 메뉴를 건네주며 해준 말입니다. 시라크 전 대통령의 업무 오찬 시 제공되었던 메뉴들 중 하나였습니다. 그의 말대로 저는 이것을 잘 보관해두었습니다.

파견대에서 투입된 요리사 시절이었던 당시만 해도 저만의 목록을 만들어가기 위해 다양한 메뉴를 정리해가며 모아두고자 하는 계획은 거의 없었다고 볼 수 있습니다. 대통령의 요리사로 25년 이상을 지내는 동안 프랑스뿐 아니라 전 세계로 뛰면서 비로소 프랑스의 미식 문화와 이를 통해 우리의 요리, 음식, 와인, 테루아, 영토, 농부, 목축업자, 양조업자들을 비롯해 미식의 나라 프랑스를 만들어낸 모든 이들을 빛나게 할 수 있었습니다.

저는 식사가 끝나고 사람들이 모두 자리를 떠난 뒤 식사한 분들 중 한 사람이 음식을 남기거나 잊은 음식이 있었을 때 그것을 치워야 했던 순간순간을 기억합니다. 우리는 메뉴를 그렇게 많이 만들지 않습니다. 식사 참석자 수보다 1~2인분 정도 더 준비하는 게 고작이며 이는 아주 드물기는 하지만 요리에 흠결이 생기거나 망쳤을 경우를 대비하기 위해서입니다.

요리사로서의 세월이 흘러 저는 2004년 1월 수셰프 자리에, 이어서 2004년 12월에는 베르나르 보시용(Bernard Vaussion) 총괄 셰프를 보좌하는 주방장(chef de cuisine) 자리에 오르게 되었습니다. 베르나르 셰프는 저의 메뉴 목록을 위해 가장 많은 자료를 제공한 분들 중 한 명이었습니다. 그의 곁에서 일한 10년의 세월은 아주 풍성한 배움의 시간이었고 그 당시 형성된 관계는 변함없이 확고한 것으로 남아 있습니다. 매월 수십 개의 메뉴가 등장해 저의 목록을 풍부하게 채워주었습니다. 실무, 공식 혹은 비공식 오찬이나 만찬 등 대부분의 메뉴들이 다 포함되어 있습니다. 베르나르가 퇴임하고 제가 총주방장 직을 맡게 되면서 저는 주방 팀 전체에게 넘겨주기 위해 메뉴들을 꼼꼼히 챙겨 모아두었습니다. 저의 메뉴 목록을 만들어야겠다는 의지가 본격적으로 생겨난 것은 훗날 저의 친구가 된, 전 세계에서 프랑스 공화국 대통령의 메뉴를 가장 많이 보유하고 있는 셰프 크리스토프 마르갱(Christophe Marguin)을 만나면서부터입니다. 수집가가 된다는 것은 곧 라이프 스타일이자 열정이며, 대상이 되는 자료를 모으고자 하는 동기와 필요성을 바탕으로 이를 통해 역사의 일면을 경험하고 그것을 읽어내어 다시 살려내는 작업이라 할 수 있을 터인데, 사실 이는 저의 사례와는 좀 거리가 있었습니다. 저는 이 메뉴들을 모아오긴 했지만 이것들을 박스 안에 쌓아두기만 했지 좀처럼 다시 꺼내 보지는 않았습니다. 다만 디지털 자료 아카이브를 통해 이들이 어떤 나라 정상들에게 대접했던 것인지를 찾아보는 데 도움을 얻었을 뿐입니다. 수련생이 좋아하면 그 자료들을 자발적으로 제공해주었고 요리학교 학생들이나 메뉴 수집가들에게 나누어주기도 했습니다.

그러던 어느 날 저는 이 자료들 중 많은 부분을 크리스토프 셰프에게 주기로 결심했습니다. 이 역사적 순간, 정치적 회동, 미식 외교에 임하는 우리의 일상, 우리나라의 요리 정체성의 흔적을 그가 잘 보존할 수 있을 거라 생각했기 때문입니다.

하루는 디종의 카롤린 풀랭(Caroline Poulain)이라는 사람에게서 우편물을 하나 받았습니다. 그녀는 자신이 일했던 그 도시에 있는 프랑스 국립 도서관에 '미식의 보고(寶庫)'가 존재한다는 사실을 제게 알려주었습니다. 또한, 요리 서적, 일명 '타유방(Taillevent)'이라 불리는 기욤 티렐(Guillaume Tirel)의 르 비앙디에(Le Viandier 역사상 최초의 요리책으로 전 세계에 단 두 권만 남아 있다)와 같은 유명한 문헌, 셰프들의 레시피를 담은 음성 녹취본 및 비디오 영상, 미식 역사와 관련된 모든 자료들뿐 아니라 수많은 메뉴 등 그야말로 미식과 관련된 모든 것을 수집하고 있다고 했습니다.

그녀는 혹시 기회가 되면, 폐가 되지 않는다면, 그리고 가능하다면 가끔씩 메뉴를 하나씩 전해줄 수 있는지 물어왔습니다. 저는 그날 바로 카롤린 풀랭에게 연락했습니다. 메뉴를 하나씩 제공하는 게 아니라 제가 갖고 있는 메뉴 목록을 통째로 드리겠노라고 제안했습니다. 해당 시의 팀원들에게 처음엔 이러한 제안이 농담이나 헛소리로 들렸을지 모르나 결국 이것은 미식 자료의 보고를 채우는 가장 큰 기부로 변신하게 되었습니다. 드디어 2018년 10월 1,175개의 대통령 식사 메뉴가 미식 자산 목록에 추가되어 총 14,000여

개의 메뉴와 30,000개 이상의 미식과 와인에 관한 풍부한 자료들을 갖추게 되었습니다. 이것은 제게도 큰 영광이며 자랑스러운 일입니다. 우리의 현대사에서 미식이라는 분야가 이제는 연구되고, 노출되고, 참고자료로 사용되면서 디종, 프랑스뿐 아니라 전 세계의 많은 사람들과 공유할 수 있게 된 것입니다. 이와 같은 미식 자산의 다양성과 풍부함은 국가적 자랑이라 할 수 있습니다. 25년간이나 이 분야에서 일하고 있으면서도 이제야 이를 우연히 발견했다는 사실에 저는 다시 한번 놀랐고 특히 전 세계의 미식 역사가 프랑스에 연결되어 있음에도 불구하고 이 자료들이 프랑스의 모든 요리학교에서 교육되고 공유되지 않았던 이유에 대해서도 자문하게 되었습니다.

우리 역사의 한 부분을 공유하고 전수하고자 하는 의지를 바탕으로 한, 같은 맥락의 시도 중 결정적인 계기가 된 또 하나의 만남이 있었습니다. 8년 전, 엘리제궁의 사진 담당 총책임자이며 공화국 대통령의 비주얼 컨설턴트인 스테판 뤼에(Stéphane Ruet)와의 만남이었습니다. 그는 저에게 "셰프님의 요리와 역사적인 대표 메뉴들을 엮어 책으로 내셔야 합니다."라고 말했습니다. 케네디, 오바마, 푸틴, 사담 후세인, 카다피 대통령과의 식사, COP21, 평화 협정, 월드컵 등의 국가적 행사에서 제공되었던 메뉴들... 프랑스 공화국의 요리사들은 이 모든 회동에서 식사가 있을 때마다 언제나 그 중심에 있었습니다.

이 책은 스테판, 에밀리, 필립과 제가 나눈 수차례의 토론, 의견교환, 찬론과 반론의 결실입니다. 이 책을 통해 메뉴의 진화를 볼 수 있으며 식사를 구성하는 데 있어 계절과 생산자들이 얼마나 중요한지를 확인할 수 있을 것입니다. 또한, 테루아에 대한 이해 및 많은 아티장들의 노고를 인정하는 계기가 될 것입니다.

저는 요리 접시를 통해 화려한 장식과 역사의 이면을 여러분들과 나누고 싶습니다. 드골 대통령부터 현 에마뉘엘 마크롱 대통령에 이르기까지 여러분들은 우리 유산의 일부가 되는 몇몇 메뉴들을 발견하고 또 재발견할 수 있을 것입니다. 한 장 한 장 읽고 탐구하면서 역사를 가로지르는 여행에 몸을 맡겨보시기 바랍니다. 혹시라도 의욕이 생긴다면 영국 여왕이나 오바마 대통령에게 대접했던 요리, 바클라브 하벨 대통령이 미테랑 대통령과의 식탁에서 맛보았던 생선요리와 자크 시라크 대통령이 하산 2세 국왕에게 대접했던 생선요리 또는 드골 대통령이 1970년 소비에트 최고 회의 프레지디움에서 대접했던 디저트 등을 직접 만들어보실 수도 있습니다. 이 책에 실린 60개의 레시피는 프랑스 공화국 대통령의 식탁에 올랐던 오찬 또는 만찬의 시간으로 여러분들을 이끌어줄 것입니다. 제가 행해왔던 방법과 마찬가지로 여러분들도 종교적 이유나 알레르기 혹은 단순히 식성 기호 등으로 인해 손님들이 피해야 할 음식이 있다면 이를 섬세하게 감안하여 레시피를 적절히 변경하고 응용해보기를 추천해 드립니다. 이 책에 소개된 레시피들은 반드시 따라야만 하는 철칙은 아니며 일종의 가이드 역할을 한다고 말씀드릴 수 있습니다. 요리는 서로 베풀고 나누는 것이며 당신의 식탁에 앉아서 그 음식을 맞이할 사람들을 위한 정성과 마음을 바탕으로 만들어집니다. 따라서 여러분이 준비하는 식사는 계절성과 사회적, 사교적 그리고 환경적 효과를 존중해야 한다는 점을 기억하기 바랍니다. 요리는 우리가 원하는 대로 그리고 우리가 좋아하는 대로 만드는 것입니다.

우리의 요리 전통과 미식 문화에 대한
방대한 지식 없이는
요리에서 가치 있고 맛있는 혁신이란 없다.
테크닉은 언제나
맛을 위해 존재하는 것이다.

기욤 고메즈

LES CUISINIERS DE LA REPUBLIQUE FRANÇAISE
Guillaume Go

성대한 만찬
1957년.

르네 코티, 엘리자베스 2세 여왕과 필립공을 맞이하다

René Coty reçoit la reine Elizabeth II et le prince Philip

–

1957년 4월 8일

1953년 6월 2일, 엘리자베스 2세는 25세의 젊은 나이에 영국의 여왕에 즉위했다.
프랑스 제4공화국의 마지막 대통령 르네 코티는 아주 젊은 영국 국왕을 맞이하게 되었다. 엘리자베스 2세 여왕과 부군 필립공은 프랑스 대통령이 베르사유궁에서 베푼 성대한 갈라 디너에 초대되어 환대를 받았고, 이에 여왕은 그녀를 환대해준 프랑스에 칭송을 아끼지 않았다.

엘리제궁에서는 프랑스의 최고급 테이블웨어 관련업체의 제품들이 사용되고 있다. 공식 은제품 식기와 크리스털 글라스에는 프랑스 공화국(RF) 이니셜이 새겨져 있으며, 나폴레옹 3세의 이니셜 N이 새겨져 있는 것들과 튈르리궁으로부터 전해 내려온 것들도 있다.
엘리제궁 식탁의 예술은 프랑스 역사의 집약체라고 할 수 있으며 리셉션 연회, 성대한 만찬 등에서의 서빙 관련 세부사항은 대통령 내외가 선택한 메뉴에 따라 선택된다. 세브르(Sèvres)의 제조업체에서 만들어진 몇몇 커틀러리들은 역사적인 제품들이며 현대 예술가들의 작품을 기반으로 만들어진 것들도 있다(특히 조르주 퐁피두 대통령 재임 시절). 매 작품은 각각 고유번호가 매겨져 있다.
대통령궁 안에는 이러한 귀한 집기들을 보관, 관리하는 임무를 띤 일명 '찬장'을 책임지는 특별한 전담 인력(argentier)이 배치되어 있다.

'새(oiseaux)' 시리즈
식기, 1861년.

6인분
준비 : 20분
조리 : 30분

재료
- 푸아그라 덩어리 (600~700g) 1개

양념
(푸아그라 1kg 기준)
- 스위트 와인 6g
- 레드 포트와인 12g
- 코냑 6g
- 카트르 에피스 (quatre épices) 1g
- 설탕 3.5g
- 소금 13g
- 후추 2.5g

즐레(gelée)
- 닭 육수 콩소메 50ml
- 판 젤라틴 16장 (32g)
- 소테른(sauternes) 와인 400ml

소테른 즐레 글레이즈드 푸아그라
FOIE GRAS GLACÉ À LA GELÉE DE SAUTERNES

1. 푸아그라 준비하기
가능하면 진공포장 제품이 아닌 종이로 포장해서 판매하는 신선한 푸아그라를 선택한다. 색이 밝고 깨끗하며 손으로 눌렀을 때 탄력이 있고 멍 자국이나 피의 흔적이 없는 것을 고른다.
핏줄을 쉽게 제거할 수 있도록 푸아그라를 상온에 꺼내둔다. 작은 스푼이나 날끝이 둥근 칼을 이용해 굵은 핏줄들을 제거한다. 푸아그라의 무게를 잰 다음 그에 알맞게 양념들을 계량한다.
푸아그라에 양념을 하고 냉장고에 최소 12시간 동안 보관한다. 24시간 보관하는 게 가장 좋다.
냉장고에서 꺼낸 푸아그라를 랩으로 말고 단단하게 조여 원하는 모양으로 만든다. 80℃로 세팅한 스팀 오븐이나 같은 온도의 물에 담가 익힌다. 익히기 전, 랩에 싼 푸아그라의 무게를 잰다. 익히는 시간은 1킬로당 50분이 적당하다.
익힌 푸아그라를 바로 얼음물에 담가 식힌다. 냉장고에 2~6일 정도 보관해두었다가 먹는다.

2. 소테른 즐레 만들기
찬물이 담긴 볼에 판 젤라틴을 넣어 말랑하게 불린다.
닭 육수 콩소메와 소테른 와인을 냄비에 넣고 뜨겁게 가열한다. 끓기 시작하면 바로 불을 끈다. 불린 젤라틴을 건져 물기를 꼭 짠 뒤 넣고 녹여준다. 거품이 생기지 않도록 너무 많이 휘젓지 않는다. 용기에 덜어낸 뒤 냉장고에 최소 12시간 동안 보관 후 사용한다.

3. 플레이팅
푸아그라를 싸고 있는 랩을 벗겨낸 뒤 기름기를 제거하고 일정한 두께로 슬라이스해 망 위에 올려놓는다. 즐레를 너무 뜨겁지 않도록 데워 녹인다. 얼음을 채운 볼 위에 놓고 식히면서 주걱으로 잘 저어 풀어준다.
휘저을 때 즐레에 기포가 생길 수 있으니 거품기는 피하는 것이 좋다.
즐레가 어느 정도 걸쭉해지면 각 푸아그라 슬라이스에 넉넉히 부어 씌워준다. 일정하게 글레이징하려면 한 번에 즐레를 부어 씌운 뒤 이 작업을 두세 번 반복해주면 된다.
즐레를 입힌 푸아그라가 마르지 않도록 랩을 표면에 닿지 않게 씌운 뒤 냉장고에 넣어둔다.
주의를 기울였음에도 불구하고 즐레 표면에 기포가 생긴 경우에는 토치로 아주 살짝 한 번 그슬려주면 없앨 수 있다.

_ 르네 코티, 엘리자베스 2세 여왕과 필립공을 맞이하다. 1957년 4월 8일.

8인분
준비 : 45분
조리 : 15분
마리네이드 : 12시간

재료
- 파인애플 큰 것 2개
- 흰 각설탕 250g
- 글루코스 시럽 (물엿) 10g
- 화이트 식초 1티스푼
- 황설탕
- 바닐라빈 1줄기

캐러멜 실 장식을 씌운 '마리니' 파인애플

ANANAS VOILÉ ≪MARIGNY≫

1. 파인애플 준비하기(하루 전)

파인애플을 위쪽 잎을 그대로 둔 채 세로로 이등분한다. 속살을 완전히 파낸다. 즙도 함께 잘 보관해둔다.
파낸 파인애플 속살을 소르베용으로 블렌더에 곱게 간다. 파인애플 퓌레 무게의 반에 해당하는 황설탕을 첨가한다. 바닐라빈을 길게 갈라 긁어 줄기와 함께 넣어준다. 최소 12시간 동안 재워둔다.

2. 소르베 만들기

바닐라빈 줄기를 건져낸다. 필요한 경우 과육 혼합물을 체에 한 번 내려 섬유질을 제거한다. 아이스크림 기계에 넣고 돌려 소르베를 만든다.

3. 캐러멜 실 장식 만들기, 플레이팅

바닥이 두꺼운 소스팬 혹은 구리팬에 설탕, 글루코스 시럽, 식초, 물 2테이블스푼을 넣는다.
<u>사용하는 냄비나 팬은 물기 또는 기름기 없이 깨끗하게 준비해야 한다.</u>
아주 약한 불에 올린 뒤 뚜껑을 덮고 설탕이 완전히 녹을 때까지 젓지 않고 가열한다. 뚜껑을 씌우면 수증기가 냄비 가장자리를 씻어주는 효과가 있어 설탕이 굳는 것을 막는다.
시럽이 끓기 시작하면 뚜껑을 열고 수분이 날아가도록 한다. 시럽이 그로 카세(gros cassé) 상태, 즉 145~155℃의 캐러멜이 될 때까지 끓인다. 가장자리가 밝은 황색으로 변하게 될 것이다. 냄비를 살짝 돌려 고루 가열되도록 한 다음 불에서 내린다. 냄비 바닥을 물에 담가 더 이상 가열되는 것을 중지한다.
그대로 4~5분 정도 두어 어느 정도 걸쭉하게 농도가 생기면 포크 두 개의 뒷면을 붙이거나 구슬거품기를 사용해 시럽을 길게 실처럼 들어 올려 나무막대나 베이킹용 밀대 위에 올린다. 이 설탕 실은 금세 굳는다. 이것을 조심스럽게 떼어낸 다음 이 과정을 반복한다.
속을 파낸 파인애플 껍데기 안에 소르베를 채운 다음 캐러멜 실 장식을 얹어낸다.

_ 르네 코티, 엘리자베스 2세 여왕과 필립공을 맞이하다. 1957년 4월 8일.

PROGRAMME MUSICAL

SYMPHONIQUE DE LA GARDE RÉPUBLICAINE

son Chef : le Commandant François-Julien BRUN

Lieutenant Raymond RICHARD, Chef adjoint

. . . . *SAINT-SAËNS*

. . . . *R. STRAUSS*

. . . . *DEBUSSY*

. . . . *M. DE FALLA*

. . . . *C. GOUNOD*

. . . . *P. G. VAN ANROOY*

. . . . *J. JONGEN*

. . . . *MOZART*

. . . . *GRIEG*

르네 코티, 외교단 대표들을 맞이하다

René Coty reçoit les représentants des corps diplomatiques

–

1958년 1월 23일

자상하고 사려 깊은 이미지의 르네 코티 대통령은 프랑스 국민들에게 많은 인기를 얻고 있었다. 아브르(Havre) 지역 상원의원 출신인 그는 정치적으로 불안정한 시기였던 1954년, 프랑스 제4공화국의 대통령이 되었다. 하지만 1946년 제정된 새 헌법이 국가 원수에게 부여한 권한은 거의 미미했다. 코티 대통령은 이러한 규정에 순응했고 특히 엘리제궁에서 해외 인사들을 맞이해 접대하며 나라를 대표하는 인물로서의 역할에 중점을 두었다. 같은 해 6월 1일 국민회의 의장으로 선출된 드골 장군의 정권 복귀가 있기 몇 달 전, 르네 코티 대통령은 외교단 대표들을 정견 발표회에 초청했다.

page 22~23 : 17세기 엘리제궁의 모습. 당시에는 오텔 데브뢰(hôtel d'Évreux)라는 이름을 갖고 있었으며 마담 드 퐁파두르(Mme. de Pompadour)의 소유였다.

8인분
준비 : 30분
조리 : 90분

재료
- 닭 육수 4리터
- 칠면조 또는 닭 살코기(기름 적은 부위) 300g
- 당근 6개
- 신선 완두콩 100g
- 순무 2개
- 토마토 2개
- 아스파라거스 작은 것 6대
- 버섯 3개
- 리크(서양 대파) 2대
- 달걀흰자 8개분
- 순 닭가슴살 1개
- 버터 50g
- 액상 생크림 50g
- 피스타치오 가루 1티스푼
- 소금, 후추

카프레르(Capraire) 콩소메 수프 볼, 1826년 제작.

'플로레알' 치킨 콩소메

CONSOMMÉ DE VOLAILLE ≪FLORÉAL≫

1. 채소, 가니시, 콩소메 클라리피케이션 준비하기

당근과 순무를 씻어 껍질을 벗긴다.
쿠키 커터를 이용해 당근과 순무를 원통 모양으로 찍어낸다. 제스터를 사용해 둘레를 꽃잎 모양으로 길게 긁어낸 다음 칼로 얇게 썰어준다.
아스파라거스는 윗동 부분만 잘라낸 뒤 다른 재료들의 크기에 맞추어 이등분 또는 사등분한다.
닭가슴살은 썰어서 블렌더에 간 다음, 고운 체에 넣고 주걱으로 긁어내려 가는 힘줄을 제거한다. 여기에 달걀흰자 1개분과 상온의 부드러운 버터(녹으면 안 된다)를 넣어준다. 잘 섞은 뒤 생크림을 두 번에 나누어 넣고 힘있게 저어 섞는다. 소금, 후추로 약하게 간을 하고 피스타치오 가루를 넣어 섞어준다.
아스파라거스와 완두콩을 끓는 소금물에 넣어 데친다. 닭가슴살 혼합물을 작은 티스푼으로 떠 크넬 모양을 만든 뒤 채소 익힌 그 물에 넣어 데친다.
당근 자투리와 버섯, 토마토, 리크를 거의 다지듯이 잘게 썬다. 칠면조 고기 살을 곱게 다진다.

2. 닭 육수 맑게 정화하기

닭 육수 4리터로 약 2.5~3리터의 더블 콩소메를 얻을 수 있다.
큼직한 냄비에 나머지 달걀흰자와 다져 준비한 채소, 다진 칠면조 고기를 넣고 잘 섞어준다. 여기에 닭 육수를 붓고 끓을 때까지 약불로 천천히 가열한다. 혼합물이 냄비에 달라붙지 않도록 주의한다.
약하게 끓는 상태를 유지한다. 표면에 건더기 혼합물이 떠올라 층을 이루면 가운데에 구멍을 낸 뒤 작은 국자로 국물을 떠서 표면층 위로 고루 살살 부어준다.
이렇게 1시간 30분을 끓인 다음 국물을 고운 체에 거른다. 이때 위에 뜬 표면층과 냄비 바닥에 가라앉은 잔여물은 제외한다.
국물을 맑게 하기 위해 넣은 재료들이 위로 떠 올라 표면층을 형성할 수 있게 하려면 국물을 너무 휘휘 젓지 말아야 한다. 국자로 국물을 떠서 표면층을 통과시키며 부어줄 때도 최대한 살살 끼얹어주어야 맑은 콩소메를 얻을 수 있다. 이렇게 하면 뿌연 불순물이 없는 완벽하게 맑고 깨끗한 콩소메를 얻을 수 있다.

3. 모양내어 썬 채소 익히기

냄비에 콩소메를 끓인 다음 당근과 순무를 넣고 5분간 익힌다.
채소가 익으면 간을 확인하고 아스파라거스 윗동, 완두콩, 닭가슴살 크넬을 넣어준다.
바로 서빙한다.

8인분
준비 : 1시간 30분
조리 : 30분

재료
- 서대(각 600g) 4마리
- 레몬서대기 가자미 살(soles limandes) 250g
- 생크림 200g
- 샬롯 200g
- 양송이버섯 250g
- 말린 펜넬 줄기 1대
- 화이트와인 1리터
- 버터 150g
- 분홍 새우 300g
- 홍합 600g
- 굴(no.3 크기) 8마리
- 양파 100g
- 이탈리안 파슬리 1/2단
- 빵가루 100g
- 버터 100g
- 화이트와인 200ml
- 마늘 1톨
- 양송이버섯 (중간 크기) 400g
- 파르메산 치즈 20g
- 레몬즙 1개분

셰르부르식 서대 요리

DÉLICE DE SOLES ≪CHERBOURGEOISES≫

1. 생선 준비하기

서대를 씻은 뒤 필레를 떠 냉장고에 보관한다.
필레를 뜨고 남은 서대 가시 뼈를 잘게 썰어 용기에 담고 찬물을 틀어 흘려보낸다.
생선 뼈의 핏물을 빼는 동안 새우를 손질하고 새우살을 냉장고에 넣어둔다.
홍합을 솔로 깨끗이 씻은 뒤 수염을 떼어낸다. 샬롯과 파슬리 몇 줄기를 잘게 썬다.
냄비에 샬롯을 볶다가 홍합을 넣고 와인을 부어 익힌다(marinière식 조리). 잘게 썬 파슬리를 넣는다. 익은 홍합을 따로 보관한다. 식힌 다음 홍합의 수염을 모두 제거하고 익힌 국물은 체에 걸러둔다. 샬롯 건더기는 따로 보관한다.
샬롯 한 개와 버섯 두 개의 껍질을 벗긴 뒤 작게 썬다.
소스 팬에 생선 가시 뼈를 넣고 2~3분간 익힌다. 마른 펜넬 줄기, 버섯, 샬롯, 새우껍데기를 넣어준다. 2분간 함께 볶은 뒤 홍합 익힌 국물과 약간의 물을 생선 뼈가 잠기도록 넣어준다. 약불에서 20분간 끓인다. 체에 거른다.

2. 생선 스터핑 만들기

레몬서대기 필레를 씻은 뒤 적당한 크기로 썬다.
생선살에 생크림을 두 번에 나누어 넣어주면서 블렌더에 간다.
곱게 갈아 소가 완성되면 아주 잘게 썬 새우살과 이탈리안 파슬리를 넣어 섞는다.

3. 서대 필레에 소 채워 넣기

서대 필레를 한 켜로 놓고 소금, 후추를 살짝 뿌려 간한다. 필레의 껍데기 쪽 면에 소를 얹고 길이 방향으로 돌돌 말아준다. 버터를 살짝 바른 랩으로 말아 싸준다. 뾰족한 바늘로 랩을 살짝 찔러주어 익힐 때 즙이 잘 스며들게 한다.

4. 첫 번째 가니시 만들기

마늘의 껍질을 벗긴 뒤 끓는 물에 세 번 데친다.
빵가루, 버터, 마늘, 파슬리를 블렌더에 넣고 갈아 균일하게 혼합한다.
살이 든 홍합 껍데기(하프셸) 안에 샬롯(홍합 익힐 때 넣었던 것)을 조금 넣은 다음 블렌더에 간 혼합물로 덮어준다. 빵가루를 조금 얹어준다. 그 상태로 보관해두었다가 요리가 완성되기 바로 전 오븐 브로일러에 노릇하게 구워낸다.

5. 두 번째 가니시 만들기

양송이버섯을 깨끗이 닦은 뒤 갓 부분만 16개를 준비한다.

샬롯과 양송이버섯 밑동을 잘게 썬 다음 냄비에 넣고 뚜껑을 닫은 뒤 8~10분 정도 익혀 뒥셀(duxelles)을 만든다. 여기에 이탈리안 파슬리와 약간의 파르메산 치즈를 넣어준다. 용기에 덜어낸다.

같은 냄비에 양송이버섯 머리와 화이트와인을 넣고 익힌다.

재료가 모두 익으면 8개의 양송이버섯 갓 안에 뒥셀을 넉넉히 채워 넣고 나머지 8개의 버섯 갓으로 덮어 마카롱처럼 만든다. 냉장고에 보관한다.

요리를 플레이팅할 때 냄비에 약간의 올리브오일과 서대 육수를 넣은 뒤 양송이버섯 마카롱을 넣고 데워 윤기나게 마무리해준다.

6. 생선 익히기, 소스 만들기

너무 깊지 않은 팬에 랩으로 돌돌 만 생선을 놓고 생선 육수를 재료 높이만큼 부어준다. 뚜껑을 덮은 뒤 약불에서 10~12분간 익힌다. 생선 필레들을 접시에 놓고 다른 접시로 덮어 뜨겁게 유지한다.

남은 국물을 다시 불에 올린 뒤 생크림, 레몬즙, 새우를 넣고 졸인다. 국자에 묻을 정도의 농도가 되면 적당하다.

굴의 껍데기를 깐 뒤 살을 데친다. 서대의 랩을 풀어준다.

접시에 흘러내린 생선 즙은 소스 냄비에 넣어준다.

7. 플레이팅

서빙 플레이트 중앙에 돌돌 만 서대와 새우를 놓고 그 위에 굴을 얹어준다. 양쪽에 홍합과 양송이버섯 마카롱을 교대로 섞어서 배열한다.

4등분으로 자른 레몬을 인원수대로 하나씩 놓아도 좋다.

.

_ 르네 코티, 외교관 대표들을 맞이하다. 1958년 1월 23일.

이란의 모하마드 레자 샤
팔라비 국왕과 파라 왕비를
위한 연회.
1961년.

이란 레자 샤 팔라비 국왕을 위한 엘리제궁 연회

Réception à l'Élysée
en l'honneur de Mohamed Reza Chah Pahlavi, chah d'Iran

–

1959년 5월 26일

이란 황실의 마지막 국왕이 프랑스를 방문함에 따라 엘리제궁에서 오찬이 이루어졌다. 그는 이후 1961년 자신의 새 왕비 파라 디바(Farah Diba)와 함께 엘리제궁을 다시 방문했다. 팔라비 국왕은 자국의 심도 있는 개혁 추진을 위한 프랑스의 지원을 확보했다. 팔라비 국왕과 드골 대통령은 이미 수년 전부터 친분이 있던 사이였다. 모하마드 레자는 드골의 카리스마를 높이 평가했고 1969년 드골 대통령이 사임할 때까지 두 사람은 아주 긴밀한 관계를 이어갔다. 특히 모하마드 레자 국왕은 드골 장군에 비유되는 것을 아주 좋아했다고 전해진다. 1961년 파라 왕비는 당시 프랑스 문화부 장관이었던 앙드레 말로(André Malraux)와 친분을 맺기 시작했다. 말로 장관은 왕비와의 이 만남 이후 프랑스와 이란 양국 박물관 간의 문화 자산 대여 정책을 확대해 나갔다.

8인분
준비 : 50분
조리 : 30분

재료
- 아티초크 중간 크기 8개
- 감자(charlotte 품종) 8개
- 샬롯 2개
- 그린 아스파라거스 (가장 작은 사이즈) 48개
- 레몬 1개
- 닭 육수 또는 채소 육수 500ml
- 버터 60g
- 올리브오일
- 소금, 후추

Melon glacé au Porto
Langouste en Belle-Vue
Poularde Châtelaine
Coeurs d'artichauts Princesse

Pêches Melba
Petits fours

Château Haut-Brion 1952
Château Lafite Rothschild 1945
Clicquot Ponsardin 1949 en magnum

'프린세스' 아티초크 하트

CŒURS D'ARTICHAUTS ≪PRINCESSE≫

1. 채소 준비하기

샬롯의 껍질을 벗긴 뒤 잘게 썬다. 아스파라거스를 깨끗이 씻어 눈을 제거하고 다듬은 뒤 머리 부분을 2cm 길이로 자른다. 나머지 줄기도 2cm 길이로 각 두 조각씩 잘라낸다. 남은 밑동 부분은 따로 보관해 두었다가 수프 등으로 활용한다. 아스파라거스 조각을 양쪽 끝이 뾰족한 모양으로 균일하게 다듬어 깎는다. 자투리는 보관한다.
감자의 껍질을 벗긴 뒤 아스파라거스와 같은 크기와 모양으로 갸름하게 돌려 깎아 144조각을 준비한다. 자투리는 따로 보관한다. 모두 물에 담가둔다.
아티초크는 잎을 잘라내고 속살만 다듬어 지름 7cm 크기로 균일하게 돌려 깎는다. 가운데 솜털은 파낸다. 레몬을 반으로 자른 뒤 즙을 짜 아티초크 속살에 조금 뿌려준다.

2. 익히기

프라이팬 또는 소테팬에 올리브오일을 2스푼 달군 뒤 아티초크 속살을 넣고 모양이 부서지지 않도록 주의하며 지진다. 잘게 썬 샬롯, 따로 보관해둔 아스파라거스와 감자 자투리를 모두 넣어준다.
육수를 재료 높이만큼 붓고 뚜껑을 닫은 상태로 10~12분간 익힌다. 아티초크가 익으면 조심스럽게 건져낸다. 나머지 자투리는 국물을 덜어내고 더 익힌 뒤 블렌더로 갈아 퓌레를 만든다.
소테팬에 버터 30g을 두르고 갸름하게 잘라둔 아스파라거스를 넣어 익힌다. 버터에 거품이 나도록 가열하며 익히되 색이 나지 않도록 주의한다. 육수를 아주 조금 넣고 뚜껑을 덮지 않은 상태로 볶아 윤기나게 마무리한다.
갸름하게 모양내 잘라둔 감자도 마찬가지 방법으로 익힌다.

3. 플레이팅

속을 파내 익힌 아티초크 속살 중앙에 퓌레를 한 스푼씩 넣고 각각 아스파라거스 18조각(머리 부분 6조각, 줄기 부분 12조각)과 감자 18조각을 보기 좋게 얹어놓는다. 살짝 데운 뒤 서빙한다.

바카라(Baccarat) 글라스, 모델 트리아농(modèle Trianon), 1960년 샤를 드골 대통령실용으로 제작.

샤를 드골, 케네디 대통령과 재키 여사를 맞이하다

Le général de Gaulle reçoit John Kennedy et son épouse Jackie

–

1961년 5월 31일

1961년 5월 31일 미합중국 대통령의 공식 보잉 항공기인 에어포스 원을 탄 젊고 눈부신 커플이 오를리 공항에 도착했다. 전설적인 샤를 드골 대통령과 역동적이고 승리하는 미국을 대표하는 케네디 대통령과의 만남이 이루어지는 순간이었다. 영부인 재키 여사는 순식간에 프랑스 대중의 마음을 사로잡았고 급기야 케네디 대통령은 기자 회견 당시 언론에 "나는 재클린 케네디를 모시고 온 사람입니다!"라고 농담하기도 했다. 재키 여사가 공식 만찬 중 한 번은 문화부 장관 앙드레 말로의 옆자리에 앉기를 원해서 좌석 배치가 그대로 이루어지기도 했다. 그녀는 유창한 프랑스어로 예술과 당대 아티스트 들에 관해 문화부 장관과 대화하기를 원했던 것이다. 양국 정상은 냉전 시대에 성사된 이번 프랑스 회동에 가능한 한 최대로 많은 시간을 할애했다. 5월 31일, 엘리제궁에서 열린 오찬에는 40명 정도 되는 내빈이 초청되었다. 다음 날 드골 대통령은 케네디 대통령 내외를 베르사유궁으로 초대했다. 이 공식 만찬에는 약 175명의 귀빈이 초청되었고 식사 후 무도회가 이어졌다. 이 역사적 방문은 드골 대통령의 임기 중 가장 위대한 외교적 순간 중 하나가 되었다.

8인분
준비 : 30분
조리 : 1시간

재료
- 흰색 닭 육수 2리터
- 헤이즐넛 100g
- 우유(전유) 300g
- 생크림(crème fraîche) 300g
- 밀가루 80g
- 버터 80g
- 달걀 3개
- 소금, 후추

가니시
- 순 닭가슴살 1개
- 달걀흰자 1개분
- 버터 50g
- 액상 생크림 50g
- 익힌 송로버섯 (20g) 1개
- 피스타치오 페이스트 1티스푼 또는 피스타치오 가루 2티스푼
- 버터 40g

'술탄' 블루테 수프
VELOUTÉ ≪SULTANE≫

1. 재료 준비하기
하루 전, 헤이즐넛을 끓는 물에 3분간 넣었다 건져 껍질을 벗긴다. 헤이즐넛과 우유를 냄비에 넣고 끓을 때까지 가열한 후 불을 끈다. 그대로 식힌 뒤 하룻밤 냉장고에 넣어둔다.
닭가슴살을 블렌더로 간 다음 고운 체에 놓고 주걱이나 스크레이퍼로 곱게 긁어내려 힘줄이나 불순물을 모두 제거한다. 여기에 달걀흰자, 상온에 두어 부드러워진 버터 50g, 약간의 소금을 넣어 잘 섞어준다. 균일한 혼합물이 되도록 섞고 항상 차가운 온도를 유지하도록 주의한다. 액상 생크림을 조금씩 넣으며 섞어준다. 차갑게 유지하기 위해 필요한 경우 큰 용기에 잘게 부순 얼음을 채워 넣고 그 위에 볼을 올린 뒤 재료를 혼합해 주면 좋다.
송로버섯을 만돌린 슬라이서로 얇게 저민 다음 아주 작은 별 모양으로 찍어낸다.
상온에 두어 부드러워진 버터 40g과 피스타치오 페이스트를 섞어준다.

2. 블루테 만들기
바닥이 두꺼운 냄비에 버터 80g을 녹인 뒤 밀가루 80g을 넣고 잘 섞으며 익혀 화이트 루(roux blanc)을 만든다. 여기에 닭 육수 2리터, 우유, 헤이즐넛을 넣고 끓을 때까지 가열한다. 생크림을 넣은 뒤 약불에서 20분간 끓인다.
냄비에 물을 끓인 뒤 닭가슴살 소 혼합물을 아주 작은 크넬 모양으로 떠서 데쳐 익힌다.
크넬을 만들 때는 아주 작은 모카용 티스푼 두 개를 사용해 모양을 빚어낸 다음, 끓는 물에 넣어 데치기 바로 전 별 모양 송로버섯을 한 개씩 박아넣고 마치 초승달 모양으로 양끝을 살짝 구부려준다.
닭 육수를 넣어 끓인 블루테 수프를 블렌더로 갈아준 다음 고운 체에 걸러 헤이즐넛 건더기를 제거한다. 이 헤이즐넛은 보관해두었다가 다른 레시피용으로 사용할 수 있다.
블루테 수프를 다시 냄비에 넣고 뜨겁게 데운다.

3. 플레이팅
블루테 수프를 뜨겁게 가열한 다음 간을 맞추고 불에서 내린다. 여기에 달걀노른자를 넣어 잘 섞은 뒤 피스타치오 버터를 넣고 거품기로 힘있게 저어 혼합한다. 이때 절대로 수프를 끓이면 안 된다. 달걀이 응고되어 뭉칠 수 있기 때문이다.
송로버섯을 넣은 초승달 모양 크넬을 넣어 서빙한다.

미국 케네디 대통령
내외 방문 리셉션,
1961. 5. 31.

_ 샤를 드골, 케네디 대통령과 재키 여사를 맞이하다. 1961년 5월 31일.

‘르네상스’ 샤롤레 비프 안심 로스트

CŒUR DE FILET DE CHAROLAIS ≪RENAISSANCE≫

8/10인분
준비 : 1시간 30분
조리 : 30분(안심), 가니시(20분)
휴지 : 1시간

재료
- 샤롤레(charolais) 소 안심 1덩어리 (2.2kg)
- 비계 100g
- 소 육즙 소스 데미글라스 300ml
- 샬롯 작은 것 2개
- 화이트와인 100ml
- 굵은 소금
- 식빵 1덩어리 (슬라이스하지 않은 것)
- 정제 버터 200g
- 버터 50g
- 크레송 1단
- 해바라기유
- 소금, 후추

‘르네상스’ 가니시
- 자색 아티초크 (너무 작지 않은 것으로 고른다) 8개
- 당근 중간 크기 2개
- 황색 둥근 순무 (boule d’or) 2개
- 콜리플라워 1개
- 완두콩(깍지 깐 것) 200g
- 그린빈스 200g
- 그린 아스파라거스 (어느 정도 굵기가 있는 것) 8대
- 레몬 1개
- 닭 육수 또는 채소 육수 500ml
- 버터 60g
- 홀란데이즈 소스 (p.217 참조) 250ml
- 올리브오일
- 소금, 후추

1. 안심 스테이크용 재료 준비하기

샬롯의 껍질을 벗긴 뒤 잘게 썬다(육즙 소스용).
식빵을 반으로 길게 자른 다음 길이 30cm, 넓이 9cm, 높이 4cm 크기의 사각형 모양으로 썬다. 말라서 모양이 변하거나 갈라지지 않도록 깨끗한 행주로 싸둔다.
비계를 5mm 폭으로 최대한 길게 막대 모양으로 썬다. 넓은 트레이에 비계를 서로 붙지 않게 한 켜로 놓은 뒤 소금, 후추를 뿌린다. 냉동실에 넣어 단단하게 굳힌다.

2. 안심 준비하기

안심 덩어리의 기름과 껍질을 제거한다. 양쪽 끝은 자르지 않고 둔다. 익힌 후에 자른다. 로스팅 팬에 놓고 익히기 최소 2시간 전에 굵은 소금을 뿌려 속까지 간이 잘 배도록 한다.
냉동실에 넣어 딱딱하게 굳은 비계를 안심 덩어리 군데군데 찔러 넣어 익히는 동안 지방이 스며들게 해준다. 안심 덩어리를 조리용 실로 감아 묶어준다. 이때 고기를 감아 매듭지은 자리가 각각 일인분씩 잘랐을 때 실 자국으로 남아 보이지 않게 간격을 안배한다.

3. ‘르네상스’ 채소 가니시 만들기

샬롯의 껍질을 벗긴 뒤 잘게 썬다.
아티초크의 껍질을 벗기고 속살을 지름 3~4cm 정도의 크기로 돌려 깎아 놓는다. 중앙의 솜털과 속을 파낸다. 자투리와 속은 보관해두었다가 다른 용도로 사용해도 좋다. 아티초크에 레몬즙을 살짝 뿌려 갈변을 막는다.
완두콩은 깍지를 까놓고 그린빈스는 깨끗이 씻는다.
그린 아스파라거스를 다듬고 눈을 제거한 뒤 머리 쪽 부분을 4cm 길이로 자른다. 줄기를 필러로 얇게 저며 두께 1.5mm, 길이 8cm 띠 모양으로 8개 준비한다. 나머지 줄기 부분은 보관해두었다가 다른 용도로 사용한다.
당근과 순무의 껍질을 벗기고 씻어둔다. 작은 크기의 멜론 볼러를 사용해 완두콩 크기의 아주 작은 구슬 모양으로 도려낸다.
콜리플라워를 씻은 뒤 물기를 닦아낸다.

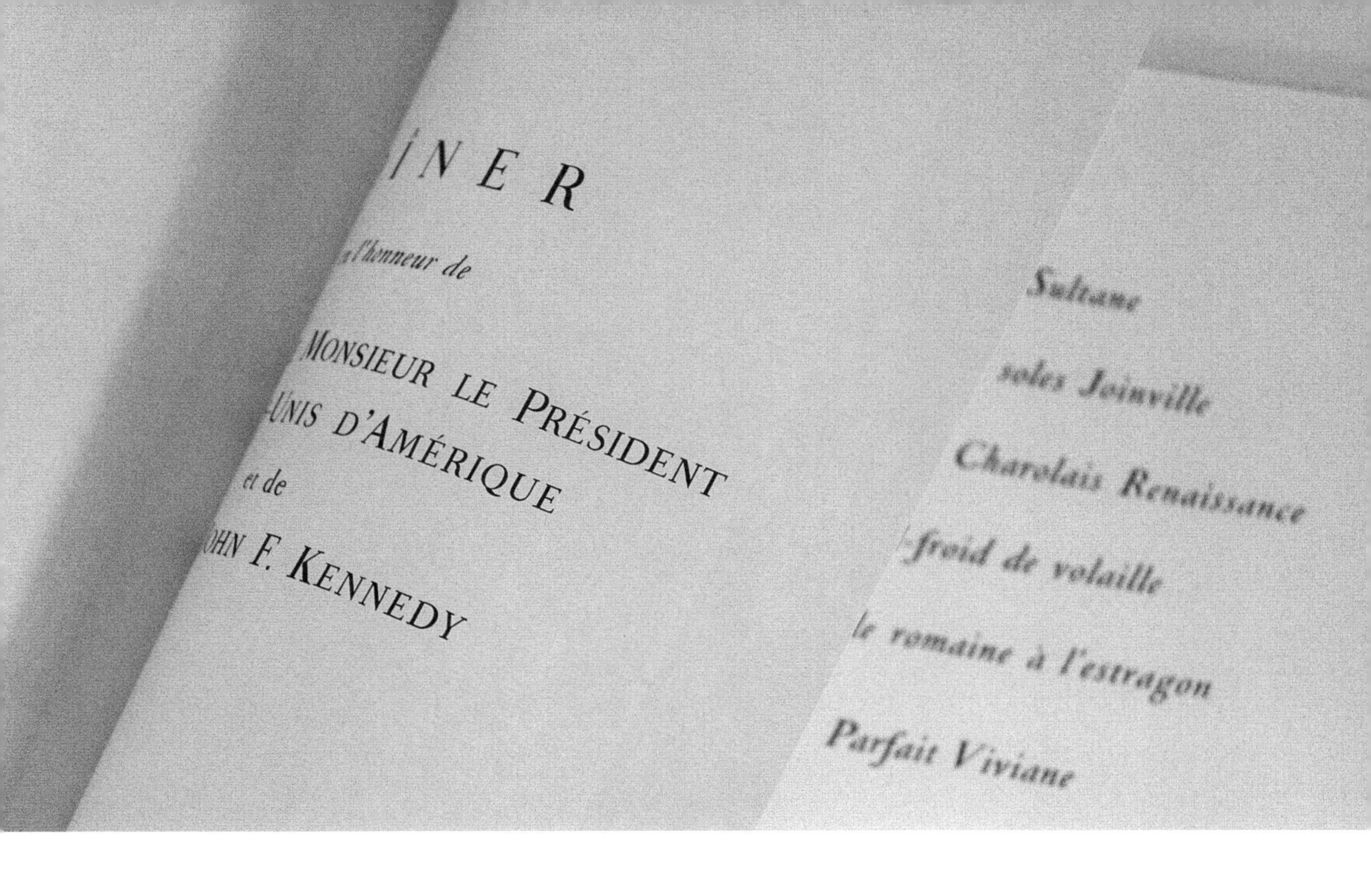

4. 채소 익히기

프라이팬이나 소테팬에 올리브오일 2테이블스푼을 달군 뒤 아티초크와 아스파라거스 윗동을 넣고 모양이 흐트러지지 않도록 주의하며 볶는다. 잘게 썬 샬롯을 넣고 함께 볶는다. 육수를 재료 높이만큼 넣은 뒤 뚜껑을 닫고 6~8분간 익힌다. 아티초크와 아스파라거스가 익으면 조심스럽게 건져내 식힌다. 익히고 남은 국물은 소스용으로 보관한다.

끓는 물에 소금을 넣은 뒤 작은 송이로 자른 콜리플라워를 넣고 데친다.

콜리플라워를 완전히 익힌 뒤 건져서 한 김을 날린다.

넉넉한 양의 끓는 물에 소금을 넣고 그린빈스와 완두콩을 데친다. 익으면 건져서 얼음물에 식힌다. 그린빈스를 4cm 길이로 자른다.

얇게 저며둔 띠 모양 아스파라거스를 끓는 물에 넣어 슬쩍 데쳐 건진다.

소테팬에 버터 30g, 구슬 모양으로 도려낸 순무와 당근을 넣고 버터가 거품이 나도록 가열하며 볶는다. 색이 나지 않도록 주의한다. 육수를 아주 조금 넣고 윤기나게 마무리한다. 유산지로 덮어준다.

5. 가니시 완성하기

행주를 이용해 익힌 브로콜리를 지름 3.5cm 크기의 공모양으로 감싸 총 8개를 준비한다. 여기에 홀란데이즈 소스를 스푼으로 발라 살라만더 그릴이나 오븐 브로일러에 넣어 윤기나게 구워낸다.

각 아티초크 안에 구슬 모양으로 도려낸 당근, 순무와 완두콩을 고루 넣어준다. 순무, 당근, 완두콩 순서로 색을 교대로 배치해주면 더욱 좋다.

그린빈스로 작은 다발을 만들고 중앙에 아스파라거스를 배치한 다음 아스파라거스 띠를 둘러준다. 붓으로 버터를 발라 갈변을 막는다.

타원형 팬에 정제 버터를 뜨겁게 달군 뒤 빵 크루통을 넣고 튀기듯이 지진다. 크루통을 건져낸 다음 갈라질 우려가 있으니 다시 뜨겁게 보관하지 않는다. 뜨겁게 달군 꼬챙이를 사용해 한쪽에 일정한 간격의 격자무늬로 그을린 자국을 내준다.

6. 고기 익히기

안심 덩어리 크기에 알맞은 소테팬 또는 로스팅팬에 기름을 달군 뒤 고기를 넣고 10분 동안 표면을 고루 지진다. 고기가 너무 많이 익지 않도록 시간을 정확히 지키는 것이 중요하다. 이어서 190℃로 예열한 오븐에 넣어 약 15분간 익힌다. 꺼내서 망에 올린 뒤 뚜껑을 덮지 않은 상태로 레스팅한다. 레스팅하는 동안 5분마다 고기를 뒤집어 고기 내부에 육즙이 고루 분포되도록 해준다. 레스팅이 완전히 끝날 때까지 고기를 묶어둔 끈을 절대 풀지 않도록 주의한다. 고기의 풍미와 연한 식감, 촉촉한 육즙을 유지할 수 있도록 충분히 레스팅 시키는 것이 매우 중요하다. 이렇게 해야 고기를 자를 때 육즙이 흥건히 흐르는 것을 최소화할 수 있다. 고기를 익힌 팬에 잘게 썬 샬롯과 화이트와인을 넣고 디글레이즈해 육즙 소스(jus)를 만든다.

_ 샤를 드골, 케네디 대통령과 재키 여사를 맞이하다. 1961년 5월 31일.

DÎNER

en l'honneur de

SON EXCELLENCE MONSIEUR LE PRÉSIDENT
DES ÉTATS-UNIS D'AMÉRIQUE
et de
MADAME JOHN F. KENNEDY

Château de Versailles

1er juin 1961

Velouté Sultane

Timbale de soles Joinville

Cœur de filet de Charolais Renaissance

Chaud-froid de volaille

Salade de romaine à l'estragon

Parfait Viviane

Riesling 1955

Château Cheval-Blanc 1953

Corton-Grancey 1953

Lanson 1952

7. 플레이팅

준비한 채소 가니시를 약한 불에 데운다. 고기의 레스팅이 끝나면 조심스럽게 실을 풀고 뜨거운 오븐에 넣어 5분간 데운다. 꺼내서 2cm 두께로 균일하게 똑바로 썬다.

육즙 소스를 데운다. 고기를 레스팅하는 동안 흘러나온 육즙과 로스팅 팬에 남아 있는 샬롯, 화이트와인을 소스에 넣고 잘 섞어준다. 불에서 내린 뒤 버터를 넣고 잘 저어 몽테한다.

큰 서빙 플레이트 중앙에 구운 빵 크루통을 깔고 그 위에 소 안심 슬라이스를 조금씩 겹쳐가며 얹어놓는다. 둘레에 아스파라거스, 그린빈스 다발, 소스를 발라 구운 콜리플라워, 구슬 모양 채소를 넣은 아티초크를 교대로 빙 둘러놓는다. 바닥에 짧게 자른 크레송 다발을 놓아 장식한다. 소스는 따로 담아 서빙한다.

다른 서빙 플레이트에 통통하고 갸름한 모양으로 돌려 깎아 삶아낸 감자를 함께 서빙한다.

우리는 이 요리를 프랑스식, 즉 큰 서빙 플레이트에 담아낸다. 이 경우 크루통은 고기에서 흘러나올 수 있는 피를 잡아주는 받침 역할을 한다. 개인별로 접시에 담아 서빙하는 경우, 크루통은 필요하지 않다.

재키 케네디 여사는 앙드레 말로 문화부 장관을 만나고 싶다는 의사를 밝혔고 연회나 파티 행사 때 그의 옆자리에 앉기를 원했다.

샤를 드골, 샤를 엘루 레바논 공화국 대통령을 맞이하다

Le général de Gaulle reçoit Charles Hélou, président de la République libanaise

–

1965년 5월 5일

이 방문은 레바논에서 프랑스 군대가 철수한다는 최종 협정이 있은 지 20년 후에 이루어졌다. 이날 샤를 드골 대통령은 '번영과 문명의 독립국' 레바논에 경의를 표했다. 샤를 엘루 대통령은 아랍 국가들과의 대화를 희망해왔던 드골 대통령으로부터 매우 융숭한 환대를 받았다. 샤를 엘루 대통령은 임기를 마친 후 1972년부터 1979년까지 프랑스어권 의회 연합(APF) 회장을 역임했다.

8인분
준비 : 50분
조리 : 1시간 30분

재료
- 브레스(Bresse) 닭 큰 사이즈 1마리
- 송로버섯 1개
- 당근 1개
- 양파 1개
- 리크 1대
- 양송이버섯 큰 것 2개
- 정향 2개
- 주니퍼베리 2알
- 셀러리 1/2줄기
- 타임, 월계수 잎
- 굵은 소금, 통후추
- 소금

쇼프루아 소스 (sauce chaud-froid)
- 액상 생크림 150ml
- 옥수수 전분 55g
- 판 젤라틴 13장 (26g)

즐레(gelée)
- 닭 육수 콩소메 500ml
- 판 젤라틴 15장 (30g)

'랑베르티' 닭 쇼프루아

CHAUD-FROID DE VOLAILLE ≪LAMBERTYE≫

1. 재료 준비하기

채소는 모두 껍질을 벗긴 뒤 씻는다. 닭은 내장을 모두 제거하고 토치로 발과 몸 표면을 살짝 그슬려 잔털과 깃털 자국을 제거한다. 다리의 힘줄도 제거한다. 닭을 실로 묶어준다.

2. 익히기

코코트 냄비에 닭을 넣고 찬물(소금은 넣지 않는다) 또는 거의 소금을 넣지 않은 닭 육수를 닭이 잠기도록 부어준다. 끓을 때까지 가열하고 표면에 뜨는 거품과 불순물을 모두 걷어낸다.
굵은 소금으로 간하고 통후추, 정향, 주니퍼베리, 타임, 월계수 잎, 채소들을 모두 넣어준다. 국물이 너무 빨리 증발하지 않도록 뚜껑을 덮고 약불로 1시간 30분간 끓인다. 중간중간 거품과 불순물을 건져내 국물을 맑게 끓여낸다. 닭이 익으면 불을 끄고 국물 안에서 그대로 식힌다.

3. 쇼프루아 소스와 즐레 만들기

닭을 삶은 국물 500ml를 즐레용으로 따로 덜어낸다. 미리 찬물에 담가 불려둔 젤라틴을 꼭 짜서 즐레용 닭 육수에 넣고 잘 녹인다.
닭 삶은 국물 500ml를 소스용으로 덜어낸다. 여기에 옥수수 전분을 풀어 걸쭉하게 만든 다음 몇 분간 끓이고 이어서 생크림을 넣어준다. 간을 맞춘 뒤, 미리 찬물에 담가 불려둔 젤라틴 13장을 꼭 짜서 넣어 녹여준다. 겔화 작용을 방해할 수 있으니 블렌더로 갈지 않는다. 또한 기포가 생길 우려가 있으니 거품기로 너무 세게 젓지 않는다. 소스를 체에 거른다.
쇼프루아 소스 볼을 얼음 위에 놓고 식히며 주걱으로 잘 저어 균일하게 걸쭉한 농도가 생기도록 한다.

4. 글라사주, 플레이팅

닭을 8토막으로 자른다. 다리의 뼈를 제거하고 가슴살을 잘라낸다. 뼈, 껍질이 남아 있으면 안 된다.
그릴 망 위에 닭 조각을 올려놓고 그 위에 쇼프루아 소스를 2번 씌워준다. 중간에 충분한 휴지 시간을 두고 2차례에 걸쳐 발라 씌운다.
송로버섯을 닭 위에 잘 붙일 수 있도록 만돌린 슬라이서로 아주 얇게 저민다. 쿠키 커터 등을 이용해 송로버섯을 모양내어 잘라낸 뒤 닭 조각 위에 붙여 장식한다. 시각적으로 아름답게 표현하기 위해 예술적 감각을 마음껏 발휘해보자.
마지막으로 송로버섯 장식이 마르지 않도록 닭 육수 즐레를 두 겹 발라준다.
닭 쇼프루아 요리는 항상 즐레로 장식한 플레이트 위에 담아 서빙한다.

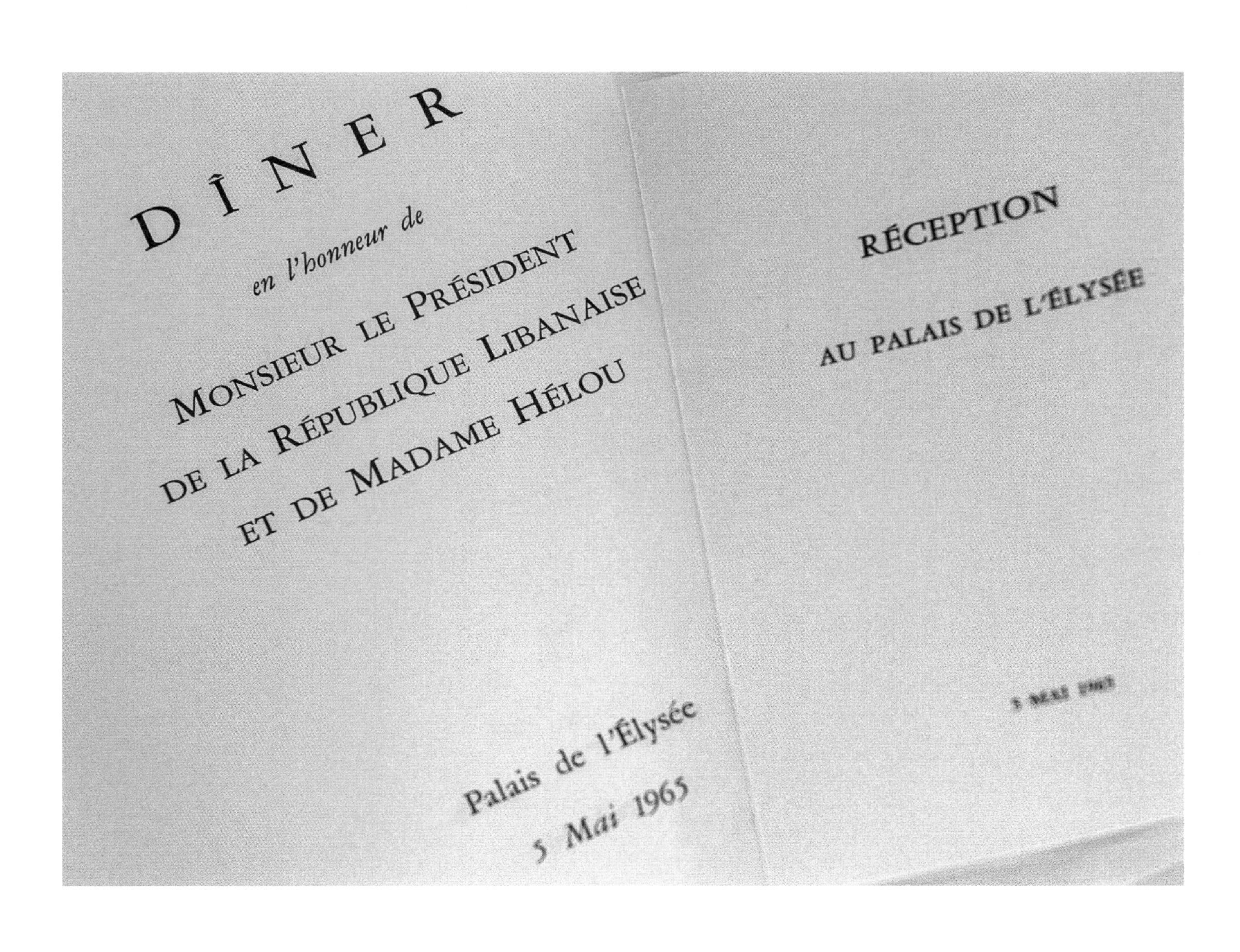

_ 샤를 드골, 샤를 엘루 레바논 공화국 대통령을 맞이하다. 1965년 5월 5일.

엘리제궁
접견실에서
회동 중인
두 대통령

조르주 퐁피두, 베르사유궁에서 오마르 봉고 대통령을 맞이하다

Georges Pompidou reçoit Omar Bongo
à Versailles

—

1970년 7월 6일

조르주 퐁피두 프랑스 대통령과 가봉 공화국의 오마르 봉고 대통령은 이미 만난 적이 있다. 드골 대통령 임기 중이었던 1967년 프랑스를 공식 방문했던 봉고 대통령을 당시 총리 자격으로 맞이했다. 오마르 봉고는 레옹 음바(Léon Mba) 대통령의 서거에 이어 1967년 권좌에 올랐다. 종종 논쟁의 대상이 되기도 했던 봉고 대통령은 1973년 재집권에 성공하고 2009년 타계할 때까지 정권의 수반 자리를 유지했다.

8/10인분
준비 : 1시간 30분
조리 : 25분(양고기),
1시간 45분(양상추)
휴지 : 1시간

재료
- 양 볼기 등심 덩어리(30cm) 1개 또는 반쪽짜리 2개
- 이탈리안 파슬리 1단
- 양파 2개
- 당근 2개
- 양송이버섯 큰 것 2개
- 마늘 작은 것 2톨
- 빵가루 50g
- 부케가르니 1개
- 버터 30g
- 올리브오일
- 소금, 카옌페퍼

'슈아지' 가니시
- 양상추(작고 갸름한 것) 4송이
- 당근 2개
- 양파 2개
- 마늘 1톨
- 부케가르니 1개
- 버터 80g
- 흰색 닭 육수 500ml
- 식용유
- 소금, 후추

'슈아지' 양 볼기 등심

SELLE D'AGNEAU ≪CHOISY≫

1. 양상추, 브레이징용 가니시 준비하기

양상추의 밑동을 아주 조금 잘라내고 겉의 넓은 잎들은 모양이 상하지 않게 조심하며 따로 떼어 보관한다. 나머지 양상추는 잎이 붙어 있는 상태로 깨끗이 씻는다.

따로 떼어둔 녹색 겉잎들을 끓는 소금물에 조심스럽게 데쳐낸 다음 바로 얼음물에 넣어 식힌다. 이 잎들은 브레이징한 양상추들을 싸는 용도로 쓰인다.

겉잎을 데쳐낸 그 물에 나머지 양상추 속 송이들을 통째로 넣어 3분간 데친다. 찬물에 넣어 식힌 뒤 바로 건져낸다. 손으로 살짝 눌러 물기를 최대한 빼준다.

당근과 양파의 껍질을 벗긴 뒤 브뤼누아즈로 잘게 깍둑 썬다. 마늘은 짓이긴다.

2. 양상추 익히기

눌러 물기를 짠 양상추 송이들은 익힐 때 잎이 흩어지지 않도록 실로 묶어준다. 소테팬 또는 오븐용 로스팅 팬에 기름을 달군 뒤 당근, 양파, 마늘을 넣고 볶는다. 간을 한 다음 수분이 나오면서 살짝 노릇한 색이 날 때까지 볶는다.

그 위에 실로 묶은 양상추를 놓고 닭 육수를 붓는다. 끓기 시작하면 160°C로 예열한 오븐에 넣어 1시간 45분간 익힌다. 익히는 동안 마르지 않도록 유산지를 뚜껑처럼 덮어준다. 익히는 중간중간 국물을 고루 끼얹고 양상추를 뒤집어준다.

3. 양상추 완성하기

양상추가 익으면 냄비에 그대로 둔 채로 잠시 식힌 뒤 건져낸다. 익힌 국물은 따로 보관한다.

양상추를 묶었던 실을 풀고 잎을 벌려 안쪽의 심과 속대를 제거한다. 4개의 양상추를 길게 반으로 자른 뒤 각각 다시 오므려 총 8개의 작은 포피에트처럼 만든다. 익힌 양상추 8개를 따로 준비해 둔 겉잎으로 각각 감싸준다. 마르지 않도록 녹인 버터를 붓으로 발라준다. 서빙할 때까지 따뜻하게 보관한다. 만일 서빙 4시간 이상 전에 이 준비를 마친 상태라면 냉장고에 보관해둔다.

익힐 때 넣었던 채소 가니시와 남은 즙은 보관해 두었다가 소스에 첨가해준다.

4. 양고기 익힘 재료 만들기

마늘의 껍질을 벗기고 다진다. 이탈리안 파슬리를 씻은 뒤 잘게 썬다. 소스용으로 쓰일 당근과 양파의 껍질을 벗긴다. 양송이버섯은 재빨리 씻는다. 당근, 양파, 버섯을 모두 브뤼누아즈로 잘게 깍둑 썬다.

볼에 다진 마늘, 파슬리, 빵가루를 넣고 섞는다. 간을 한 다음 올리브오일을 한 스푼 넣어 섞어준다(페르시야드).

5. 양 볼기 등심 준비하기

양 볼기 등심 덩어리의 꼬리 부분을 그대로 붙여 놓은 채로 준비한다. 뼈를 제거한다.
날개 같은 양쪽 덮개를 깨끗이 씻은 뒤 살짝 다듬어 잘라낸다. 볼기 등심 아래 양쪽의 가느다란 필레 살을 깨끗이 닦아주고 그대로 붙은 채로 둔다. 고기를 다듬으면서 나온 자투리 고기, 껍질, 기름 자투리 등은 소스용으로 따로 보관한다.
고기에 소금, 카옌페퍼로 간을 하고 페르시야드를 안쪽에 발라 넣은 뒤 양쪽 덮개 부분으로 감싸 말아준다. 조리용 실로 4~5땀 정도 꿰매 익히는 동안 벌어지지 않도록 한다.
익히는 동안 터지는 것을 방지하기 위해 가는 바늘로 껍질을 군데군데 찔러준다.

6. 육즙 소스 만들기

팬에 약간의 올리브오일과 버터를 달군 뒤 자투리고기를 넣고 색이 나게 볶는다. 노릇한 색이 더 잘 나도록 하려면 버터를 조금 추가해도 좋다. 기름을 살짝 덜어낸 뒤 팬에 잘게 썬 양파, 양송이버섯, 당근과 나머지 마늘, 부케가르니를 넣어준다. 물을 넣고 육즙 소스(jus)의 농도가 되도록 졸인다. 소스를 조심스럽게 체에 거른다. 걸러낸 채소 건더기는 따로 보관한다. 양상추 익히고 남은 국물을 소스에 더해준다.

7. 익히기

양고기 크기에 알맞은 소테팬이나 오븐용 로스팅 팬에 올리브오일을 뜨겁게 달군다. 소금과 카옌페퍼를 뿌려 충분히 간을 해둔 양고기 덩어리를 넣고 각 면에 고루 색이 나도록 12분간 지진다. 고기가 너무 많이 익지 않도록 정확한 시간을 재며 시어링하는 것이 중요하다.
이어서 190℃로 예열한 오븐에 넣어 약 10분간 익힌 뒤 꺼내서 망 위에 놓고 레스팅한다. 레스팅하는 동안 5분마다 양고기를 뒤집어 고기 안의 육즙이 고루 퍼지도록 해준다. 레스팅이 완전히 끝날 때까지 고기를 묶어둔 끈을 절대 풀지 않도록 주의한다. 고기의 풍미와 연한 식감, 촉촉한 육즙을 유지할 수 있도록 충분히 레스팅시키는 것이 매우 중요하다. 이렇게 해야 고기를 자를 때 육즙이 흥건히 흐르는 것을 최소화할 수 있다.

8. 플레이팅

고기의 레스팅이 끝나면 꿰매두었던 실을 풀어 조심스럽게 제거한 다음 자른다. 아래 양쪽의 작은 필레미뇽을 꺼내 각각 4등분한다. 살이 통통한 등심 쪽 고기를 조심스럽게 잘라내어 모양이 흐트러지지 않도록 한다. 뼈는 모양을 살려 고기를 배치할 때 필요하니 그대로 둔다.
어슷하게 자른 등심을 뼈 위에 놓고 가는 필레미뇽은 척추뼈 위에 놓는다.
익혀둔 양상추를 따뜻하게 데운다. 소스를 데운 뒤 마지막에 버터를 넣고 잘 휘저어 섞는다. 큰 서빙 플레이트에 양고기를 중앙에 놓고 양상추를 빙 둘러 배치한다. 육즙 소스는 따로 담아 서빙한다.
갸름하고 통통하게 돌려 깎아 끓는 물에 삶은 뒤 버터에 노릇하게 익힌 감자(pommes château)를 다른 서빙 플레이트에 담아 함께 서빙한다.

베르사유궁
그랑 트리아농(Grand Trianon) 연회장

_ 조르주 퐁피두, 베르사유궁에서 오마르 봉고 대통령을 맞이하다. 1970년 7월 6일.

RF

소련 최고 소비에트 상임위원회 의장 프랑스 대사관 연회

Réception à l'ambassade de France en l'honneur du Præsidium du Soviet suprême de l'URSS et du gouvernement soviétique

–

1970년 10월 7일

니콜라이 포드고르니(Nikolaï Viktorovitch Podgorny)는 당시 소련 최고 소비에트 상임위원회 최고 간부회의 의장(국가 원수)이었다. 포드고르니는 니키타 흐루쇼프(Nikita Khrouchtchev) 소련 공산당 서기장 축출에 가담하기 전까지 그의 최측근 협력자들 중 한 사람이었으나 이어 중앙위원회 제1서기장이 된 레오니드 브레즈네프(Leohid Brejnev)와 협력하게 되었다. 조르주 퐁피두 대통령은 동구권 국가들과의 좋은 관계에 매우 애착을 갖고 있었던 드골 정부의 총리 시절, 이미 이 두 명의 소련 지도자를 만난 적이 있었다. 1970년 10월 7일의 회동에서는 오래전부터 유지되었던 기조와 마찬가지로 '정치적 협력'에 중점을 두었다. 이는 이미 여러 선언문에서 반복되었고 최종 성명서에도 반영되었다. 외교 면에서 퐁피두 대통령은 열성적으로 지지했던 드골 정부 임기 동안 이루어낸 혁혁한 공적을 옹호하였기 때문이다. 소비에트 고위 지도자들과 함께한 이 공식 만찬은 프랑스 대사관에서 개최되었다.

8인분
준비 : 60분
조리 : 1시간 30분

재료

머랭 :
- 달걀흰자 300g
- 슈거파우더 300g

라즈베리 소르베 :
- 라즈베리 퓌레 1리터
- 설탕 120g
- 글루코스 분말 100g
- 물 275g
- 아이스크림용 안정제 6g

라즈베리 콩피 :
- 라즈베리 500g
- 펙틴 NH 1g
- 설탕 100g

샹티이 크림 :
- 휘핑용 생크림 500g
- 슈거파우더 300g
- 라임 1개

데커레이션 :
- 라즈베리 약간
- 라임 1개

라즈베리 아이스 바슈랭
VACHERIN GLACÉ À LA FRAMBOISE

1. 머랭 만들기
달걀흰자를 거품기로 휘저어 휘핑한다. 체에 친 슈거파우더를 조금 넣어준다. 혼합물이 균일하고 매끈한 상태가 되면 나머지 슈거파우더를 첨가하면서 계속 휘핑해 단단한 머랭을 완성한다.
머랭을 짤주머니에 넣고 지름 28cm 무스링 바닥에 짜 채워 넣는다. 데커레이션용으로 동그란 모양이나 길쭉한 막대 모양으로 오븐팬 위에 머랭을 짜 놓는다.
120℃ 오븐에서 1시간 30분간 굽는다.

2. 라즈베리 소르베 만들기
설탕, 글루코스 분말, 안정제를 모두 섞어준다. 냄비에 물을 붓고 40℃까지 가열한 다음 혼합한 설탕을 넣고 끓인다. 이 시럽을 라즈베리 퓌레에 붓고 잘 섞어 냉장고에서 숙성시킨다. 아이스크림 기계에 넣고 돌려 소르베를 만든다.

3. 샹티이 만들기
생크림에 슈거파우더를 넣고 휘핑한다. 부드러운 샹티이 크림이 완성되면 라입즙과 그레이터에 간 라임 제스트를넣고 섞어준다.

4. 라즈베리 콩피 만들기
냄비에 라즈베리를 넣고 불 위에 올린다.
설탕과 펙틴 가루를 섞어 라즈베리에 넣어준 뒤 끓으면 불을 끈다. 식힌다.

5. 완성하기
무스링 안에 구워낸 원반형 머랭을 놓고 그 위에 라즈베리 소르베를 펼쳐 놓는다. 스패출러로 매끈하게 밀어 공기를 빼준다. 중앙에 라즈베리 콩피를 놓는다.
냉동실에 넣어 굳힌 다음 나머지 소르베를 추가로 얹고 다시 매끈하게 밀어준다.
샹티이 크림을 이용하여 동그란 모양 또는 길쭉한 막대 모양으로 구워낸 장식용 머랭을 바슈랭 가장자리에 빙 둘러 붙여준다. 윗면은 샹티이 크림을 짜 얹어 장식한다.
생 라즈베리를 몇 개 얹고 라임 제스트를 갈아서 뿌려준다.

_ 소련 최고 소비에트 상임위원회 의장 프랑스 대사관 연회. 1970년 10월 7일.

무사 트라오레 말리 대통령 베르사유궁 연회

Réception à Versailles en l'honneur du colonel Moussa Traoré, président du Mali

–

1972년 4월 24일

조르주 퐁피두 대통령이 말리의 트라오레 대통령을 베르사유궁 그랑 트리아농 연회장에서 맞이한 것은 유럽 단일 통화의 결실인 유럽통화제도(EMS)가 창설된 날이었다. 말리의 대통령은 퐁피두 대통령에게 "말리는 프랑스 및 프랑스 국민들과 최대한 밀접하고 활발한 교류를 유지하기 위해 노력을 아끼지 않을 것"이라고 선언했다. 그는 또한 프랑스와 퐁피두 대통령이 보여준 '전 세계의 평화를 구축하기 위한' 행동에 경의를 표했다. 퐁피두 대통령은 말리와 프랑스의 전문 인력들을 연계하고 말리의 경제, 재정적 재도약을 이루어나가는 데 필요한 기술적 지원에 동의할 것을 천명했다.

8인분
준비 : 40분
조리 : 1시간 45분

재료
- 가티네 닭 (poularde du Gâtinais) 1마리
- 흰색 닭 육수 300ml
- 화이트와인 100ml
- 버터 125g
- 양파 50g
- 타임, 월계수 잎
- 소금, 후추

스터핑
- 소시지 스터핑용 돼지비곗살 100g
- 닭가슴살 150g
- 훈제 베이컨 50g
- 포르치니 버섯 (cèpes de Montargis) 100g
- 익힌 푸아그라 70g
- 마늘 5g
- 버터 25g
- 머스터드 (moutarde de Meaux) 20g
- 샬롯 50g
- 양파 50g
- 빵 속살 70g
- 우유 90ml
- 달걀 1개
- 아르마냑

속을 채운 '가티네즈' 닭

POULARDE FARCIE ≪GÂTINAISE≫

1. 닭 손질하기

닭의 몸을 잡아 늘인 뒤 토치로 표면을 그슬려 잔털과 깃털 자국을 제거한다. 발 쪽의 우툴두툴한 껍질을 행주로 잡아 벗겨낸다. 깨끗한 면포로 닦아준다.

닭발과 날개, 목을 잘라낸다. 목은 껍질을 세로로 가른 다음 꺼내어 잘라내준다. 이때 목 껍질을 어느 정도 붙인 채로 남겨두어야 닭을 실로 묶을 때 흉곽 구멍을 덮어줄 수 있다. 잘라낸 자투리와 뼈는 잘게 잘라둔다.

닭의 내장을 꺼낸다. 흉곽과 복부 안의 내장에 손을 넣어 내벽에서 분리한 다음 한 덩어리로 당겨 꺼낸다. 닭 염통과 간은 깨끗이 닦아 스터핑용으로 따로 보관한다. 손질을 끝낸 닭은 냉장 보관한다.

2. 스터핑 만들기

포르치니 버섯을 조심스럽게 닦아 머리와 밑동을 분리한다. 머리 부분을 1cm 크기로 깍둑 썬 다음 버터를 조금 두른 팬에 넣고 센 불에서 볶는다. 너무 색이 진해질 때까지 볶으면 쓴맛이 날 수 있으니 주의한다.

가늘게 썬 베이컨을 팬에 볶는다. 건져낸 다음 그 기름에 다진 마늘과 양파, 샬롯을 넣고 볶아준다. 여기에 잘게 썬 닭 간을 넣고 소금, 후추로 간을 해 익힌다. 아르마냑을 넣고 불을 붙여 플랑베한다.

닭가슴살 반 개와 닭 염통을 굵은 절삭망을 장착한 정육용 분쇄기에 넣고 갈아준다. 나머지 가슴살 반 개는 주사위 모양으로 썬다. 여기에 돼지비곗살, 베이컨, 포르치니 버섯, 닭 간 혼합물, 깍둑 썬 푸아그라를 넣고 모두 섞어준다. 미리 우유에 적셔둔 빵 속살을 넣고 섞은 다음 달걀과 머스터드를 넣어준다. 간을 맞춘 뒤 필요하면 아르마냑을 첨가한다.

3. 닭 육즙 소스 만들기

냄비에 올리브오일 또는 오리 기름을 뜨겁게 달군 뒤 잘게 썬 닭 자투리를 넣고 노릇한 색이 진하게 날 때까지 지진다. 버터와 양파, 마늘, 타임을 첨가한다. 불을 줄인 뒤 10~15분간 노릇하게 볶는다.

체에 건더기를 부어 건져낸다. 자투리 고기를 다시 냄비에 넣고 흰색 육수를 붓는다. 재료를 볶았던 버터도 작은 국자로 한 개 정도 넣어준다. 약불로 1시간 15분간 끓인다. 중간중간 거품과 기름을 걷어낸다.

큰 체에 내용물을 걸러낸다. 거른 국물은 다시 고운 체에 한 번 더 거른다. 식힌 뒤 냉장 보관한다.

DINER

en l'honneur de

SON EXCELLENCE

LE COLONEL MOUSSA TRAORE

PRÉSIDENT DU COMITÉ MILITAIRE DE LIBÉRATION NATIONALE
PRÉSIDENT DU GOUVERNEMENT
CHEF DE L'ÉTAT DU MALI

et de

MADAME MOUSSA TRAORE

Palais du Grand Trianon
Lundi 24 avril 1972

Croûte de filets de sole Joinville

Poularde farcie gâtinaise

Légumes printaniers

Asperges de Lauris

Fromages

Ananas voilés Trianon

Puligny-Montrachet 1969

Château Gruaud-Larose 1962

Bollinger 1966

4. 닭에 소 채워넣기

닭 안쪽을 소금, 후추로 간한다. 스푼으로 닭 안에 스터핑 혼합물을 펴 발라 채운다. 바닥에까지 꼼꼼하게 채운다. 주방용 실로 묶어준다. 우선 닭의 입구를 조심스럽게 당겨 완전히 막아준다. 이어서 상부를 실로 꿰매어 묶는다. 넓적다리 윗부분 관절에 바늘을 찔러 반대쪽으로 빼낸다(이때 시작 지점의 실은 매듭용으로 10cm 정도 여유를 남겨둔다). 닭을 뒤집고 목의 껍질 부분을 쭉 잡아당겨 준다. 가슴 앞부분 중간을 관통하고 이어서 날개 쪽으로 바늘을 찔러 넣는다. 목 껍질을 조심스럽게 고정시켜 잡으면서 척추 아래쪽으로 통과시키고 날개 쪽, 그리고 가슴 앞쪽으로 찔러 실을 빼낸 뒤 단단히 묶어준다. 이어서 닭 하체 부분을 묶는다. 닭의 등이 아래로 오도록 놓고 바늘을 골반뼈 한쪽으로 넣어 반대쪽으로 찔러 넣는다. 다리의 관절 위를 고정시키면서 용골뼈의 뾰족한 끝부분을 관통한다. 다리는 실로 한두 바퀴 돌려 묶어준다.

5. 닭 익히기

오븐용 로스팅 팬에 링으로 썬 양파 또는 감자를 깔아 닭이 직접 바닥에 닿지 않도록 한 뒤 조심스럽게 닭을 얹어 놓는다. 190°C로 예열한 오븐에 넣어 약 1시간 30분 동안 익힌다(심부 온도 87°C). 중간중간 흘러내린 기름을 끼얹어준다. 15~20분간 레스팅(날개 쪽이 아래로, 가슴 쪽이 용기 가장자리 벽 쪽을 향하도록 놓는다)한 뒤 서빙한다.

6. 육즙 소스(그레이비) 완성하기

닭을 익힌 로스팅팬을 달궈 남은 육즙이 눌어붙으면 화이트와인을 넣어 디글레이즈한다. 졸아들면 닭 육즙 소스 베이스를 넣고 원하는 농도가 될 때까지 졸인다. 간을 맞춘 뒤 리에종한다.

7. 플레이팅

속을 채운 가티네 닭 요리는 일반적으로 큰 서빙 플레이트에 통째로 서빙하며(스터핑을 미리 덜어낸 다음 부위별로 분할하는 것도 가능하다) 구운 포르치니 버섯, 오븐에 익힌 감자, 퐁텐(Fontaine) 크레송 샐러드를 곁들여낸다. 그레이비는 소스 용기에 따로 담아 서빙한다.

_ 무사 트라오레 말리 대통령 베르사유궁 연회. 1972년 4월 24일.

폴 보퀴즈, 슈발리에 레지옹 도뇌르 훈장 수상

Paul Bocuse promu chevalier de la Légion d'honneur

—

1975년 2월 25일

'엘리제' 트러플 수프는 1975년 발레리 지스카르 데스탱(Valéry Giscard d'Estaing) 대통령 내외가 엘리제궁에서 주최한 역사적 오찬에서 폴 보퀴즈 셰프가 처음 선보인 메뉴다. 이날 레지옹 도뇌르 국가 훈장을 수상하는 요리사 폴 보퀴즈를 위해 여러 미슐랭 스타급 요리장들이 식사 준비에 동참했다. 2018년 폴 보퀴즈가 타계했을 때 프랑스 공화국은 '프랑스 요리의 화신이자(...) 프랑스 미식을 현대적으로 발전시켰고(...) 이를 또다시 새로운 최정상으로 끌어올리는 데 이바지한(...) 이 셰프에게 경의를 표했다.
그가 창시자의 한 사람으로 참여하기도 했던 '누벨 퀴진'은 프랑스 요리에 명예로운 새 지평을 열어주었고 이를 세계 최고의 반열에 올려놓음으로써 프랑스와 프랑스인들에게 자부심을 고취시켜주었다.
1975년 2월 25일 이 역사적으로 기념할 만한 '친선' 오찬에는 당대 최고의 셰프들이 총집결했다. 루이 우티에(Louis Outhier), 장 & 피에르 트루아그로(Jean et Pierre Troigros), 샤를 바리에(Charles Barrier), 피에르 라포르트(Pierre Laporte), 폴 보퀴즈(Paul Bocuse), 로제 베르제(Roger Vergé), 알랭 샤펠(Alain Chapel), 장 피에르 애베를랭(Jean-Pierre Haeberlin), 미셸 게라르(Michel Guerard) 등이 함께 모여 요리를 만들었다. 폴 보퀴즈는 애피타이저, 트루아그로 형제는 생선요리, 미셸 게라르는 가금육 요리, 로제 베르제는 샐러드, 모리스 베르나숑(Maurice Bernachon)은 디저트를 담당했다.

받침이 있는 채소 서빙 용기. 메종 크리스토플(Christofle), 루이 15세 시리즈 모델.

6인분
준비 : 15분
조리 : 18분

재료
- 송로버섯(각 40~50g) 6개
- 푸아그라 300g
- 닭 육수 더블 콩소메 1.5리터
- 당근 2개
- 셀러리악 1/2개
- 양파 2개
- 양송이버섯 4개
- 버터 50g
- 누아이 프라트 베르무트(Noilly Prat) 6테이블스푼
- 퓌유타주 반죽
- 소금, 후추

'엘리제' 트러플 수프

SOUPE AUX TRUFFES ≪ÉLYSÉE≫

폴 보퀴즈가 만든 요리로 1975년 2월 25일 엘리제궁에서 발레리 지스카르 데스탱 대통령이 이 요리사에게 슈발리에 드 라 레지옹 도뇌르 국가 훈장을 수여하는 행사 때 처음 선보였다. 엘리제 트러플 수프를 먹을 때 폴 보퀴즈는 "자 대통령님, 이제 크러스트를 깨시죠."라고 말했다(casser la croûte! 는 '식사를 하다'라는 뜻이며 이 수프를 덮고 있는 페이스트리 크러스트를 깨서 먹는다는 의미와 중의적으로 쓰임). 현재도 엘리제 트러플 수프는 이 이름으로 엘리제궁에서 만들어지고 있으며 콜롱주 오 몽 도르(Collonges-au-Mont-d'Or)의 폴 보퀴즈 레스토랑에서 발레리 지스카르 데스탱 대통령의 이니셜을 딴 VGE 수프라는 이름으로 서빙되고 있다.

1. 각 재료 준비하기

당근과 셀러리악, 양송이버섯, 양파를 모두 마티뇽(matignon)으로 잘게 썬다.
라이언헤드 수프볼 6개를 차갑게 준비한 다음 썰어둔 채소들을 생으로 골고루 나누어 넣는다. 각 수프 볼에 누아이 프라트 베르무트 한 스푼과 얇게 썬 송로버섯 한 개 분량, 불규칙한 큐브 모양으로 썬 푸아그라 50g, 닭 콩소메 250g씩을 넣어준다.

2. 수프 볼 준비하기

차가운 퓌유타주 반죽을 얇게 민 다음 달걀물이나 물을 붓으로 발라준다. 각 볼의 입구에 퓌유타주 반죽을 씌우고 가장자리를 꼼꼼히 붙여준다. 퓌유타주 반죽 커버가 젖지 않도록 주의하면서 수프 볼을 냉장고에 넣어둔다.

3. 플레이팅

오븐에 넣기 전에 달걀을 풀어 퓌유타주 반죽에 발라준 다음 220℃에서 18분간 익힌다.
퓌유타주 반죽이 동그랗게 부풀어 오르고 노릇한 색이 나면 완성된 것이다.
<u>볼 안에 수프를 너무 가득 채우면 익히는 동안 넘칠 수 있으니 주의한다.</u>

국가 훈장 수여식이
있던 날, 엘리제궁 주방에서
여러 명의 초청 셰프들에
둘러싸여 있는 폴 보퀴즈

Déjeuner

offert en l'honneur de

Son Excellence

Monsieur Saddam Hussein

Vice-Président du

Conseil de Commandement de la Révolution d'Irak

par

Monsieur Valéry Giscard d'Estaing

Président de la République

Mardi 9 Septembre 1975

사담 후세인 엘리제궁 만찬

Saddam Hussein au palais de l'Élysée

–

1975년 9월 9일

프랑스가 이 부유한 산유국과의 협약을 얻어내기 위해 긴밀한 관계를 수립하게 된 것은 바스당 관료들이 이라크 정권을 잡고 난 이후의 일이다. 사담 후세인은 당시 이라크의 실권 제2인자였다. 당시 발레리 지스카르 데스탱(Valéry Giscard d'Estaing)은 대통령 임기 2년차를 맞이하고 있었고, 프랑스는 1973년 제1차 오일쇼크로 인해 과거 풍요로운 30년간의 경제 호황기(Trente Glorieuses)와 전례 없는 발전기에 제동이 걸리면서 대대적인 불황을 겪고 있었다.

page 62~63 : 기욤 고메즈와 그의 주방 팀은 왕실과 황궁에서 온 주방 집기들을 사용한다. 이들 중에는 출처를 명시하여 각인한 것들도 있다. 이 집기들은 메종 모비엘(maison Mauviel)이 지속적으로 관리하고 있다.

8인분
준비 : 90분
조리 : 25분

재료
- 농어(2kg짜리) 1마리
- 펜넬 4개
- 셀러리 2줄기
- 양파 큰 것 5개
- 샬롯 3개
- 씨를 뺀 그린 올리브 100g
- 샴페인 400ml
- 퓌유테 반죽 2장
- 흰 생선살 200g
- 달걀 2개
- 달걀노른자 1개분 (달걀물)
- 더블크림 200g
- 버터 60g
- 이탈리안 파슬리
- 올리브오일
- 소금, 후추

샹파뉴식 속을 채운 농어 앙 크루트

BAR FARCI ≪CHAMPENOISE≫ EN CROÛTE

1. 농어 준비하기

농어의 아가미 쪽으로 내장을 빼낸다. 살에 상처가 나지 않도록 주의하고 물과의 접촉은 가능한 한 최소로 한다. 생선의 배쪽을 갈라 내장을 제거해도 좋다. 생선의 비늘을 긁어낸 다음 생선용 필레나이프를 이용해 양면의 껍질을 벗겨낸다. 살을 잘라내지 않도록 주의한다. 머리와 꼬리를 몸통에 붙여둔 채 중앙의 큰 가시 뼈를 조심스럽게 잘라낸다. 농어를 재빨리 씻은 뒤 종이타월로 살의 물기를 제거한다. 생선용 집게를 사용해 살의 가시를 꼼꼼히 제거한다.

2. 스터핑 만들기

흰 생선살을 굵직하게 깍둑 썬 다음 냉동실에 몇 분간 넣어둔다. 펜넬, 양파, 샬롯, 셀러리의 껍질을 벗긴 뒤 씻는다. 펜넬과 셀러리를 얇게 썬다. 이탈리안 파슬리는 줄기 끝을 잘라낸 다음 잘게 썬다. 샬롯 3개와 양파를 얇게 썬다.
냄비에 올리브오일을 두른 뒤 준비한 채소를 모두 넣고 약불에서 볶는다. 샴페인을 넣고 디글레이즈한 다음 약하게 끓인다. 와인을 넣지 않고 조리하는 경우에는 샴페인 대신 채소 육수를 넣어준다. 마지막에 잘게 썬 그린 올리브와 이탈리안 파슬리를 넣어준다. 재료가 모두 뭉근히 익으면 덜어내 식힌 뒤 냉장고에 넣어둔다.
생선살을 블렌더에 갈거나 절구에 곱게 찧은 뒤 고운 체에 넣고 긁어내린다. 이때 믹싱볼 바닥을 얼음물이 담긴 큰 용기에 얹어 놓는 등 생선살의 온도를 항상 차갑게 유지하도록 주의한다. 여기에 달걀 2개를 넣고 잘 섞은 뒤 이어서 생크림을 두 번에 나누어 넣어준다. 마지막으로 상온에서 부드러워진 버터를 넣고 섞는다. 약 20분 정도 거품기로 잘 저어 섞어 가볍고 균일한 스터핑 혼합물을 만든다. 마지막에 소금, 후추로 간을 맞춘다. 뭉근히 익혀둔 채소와 스터핑 혼합물을 주걱으로 잘 섞어준다.

3. 농어에 소 채워넣기, 크러스트 반죽 씌우기

농어의 필레 양면에 소금, 후추로 충분히 간을 한다. 배쪽과 아가미 쪽에 스터핑을 넉넉히 채워 넣고 필레 안에도 1cm 두께로 소를 채워준다. 생선 필레 양면을 오므려 덮어 원래 모양으로 재조립한다. 냉장고에 넣어두었다 꺼내 크러스트를 입힌다.

우선 유산지 또는 논스틱 오븐팬 위에 퓌유타주 반죽 시트를 놓고 소를 채운 농어를 조심스럽게 얹는다. 생선 둘레 기준으로 1.5cm 정도 되는 곳까지 반죽 위에 달걀물을 발라준다. 두 번째 퓌유타주 반죽 시트를 덮고 공기를 빼면서 꼼꼼히 가장자리를 붙여 밀봉한다. 크러스트 반죽 표면에 달걀물을 바른 뒤 나머지 반죽 자투리를 이용해 데커레이션한다. 생선의 머리, 비늘, 꼬리 모양을 살려 문양을 낸다.

익히기 전 냉장고에 최소 15분 동안 넣어둔다.

4. 익히기

220°C로 예열한 오븐에 빈 팬을 넣고 10분간 달군다. 뜨거워진 팬 위에 생선을 놓는다. 이렇게 하면 퓌유타주 크러스트를 바로 고열로 구울 수 있다. 색이 너무 진해지지 않도록 주의하면서 25분간 굽는다. 구운 색이 빨리 날 경우에는 마지막에 알루미늄 포일을 덮어준다.

생선을 서빙할 때는 언제나 배쪽이 아래로, 머리쪽이 왼편에 오도록 한다. 프랑스식 서빙 방식은 우선 구워낸 생선을 통째로 먼저 손님들에게 서빙한 다음 홀 서빙 담당자가 먹기 좋게 커팅하면 각자 한 조각씩 가져가는 방식이다. 하지만 일단 손님들에게 생선을 보여준 다음 다시 주방 도마로 가져와서 잘라 서빙하는 방식을 추천한다. 이 생선 요리에는 쇼롱 소스(sauce choron p.217 참조)를 함께 낸다.

이 요리는 프랑스의 유명 셰프인 폴 보퀴즈의 레시피에서 영감을 얻어 만들어진 것이다.

_ 사담 후세인 엘리제궁 만찬, 1975년 9월 9일.

Déjeuner

offert en l'honneur de

Son Excellence
Monsieur le Président de la République Tunisienne
et Madame Habib Bourguiba

par

Monsieur le Président de la République Française
et Madame François Mitterrand

Vendredi 28 Octobre 1983

프랑수아 미테랑, 튀니스 공식 방문

François Mitterrand en voyage officiel à Tunis

–

1983년 10월 27~28일

1957년부터 임기를 이어온 튀니지 공화국의 초대 대통령이자 아프리카 국가 정상들의 대표인 하비브 부르기바(Habib Bourguiba)는 30여 년간의 인연을 갖고 있는 프랑스 대통령을 맞이했다.
프랑수아 미테랑 대통령은 이렇게 말했다. "오늘 이 나라, 이 도시에서, 특히 튀니지의 예술과 섬세함을 잘 보여주는 장소이자 수많은 역사의 자취가 남아 있으며 우리 양국의 운명이 연결되어 있는 이 카르타주궁에서 우리가 만나게 되어 매우 기쁩니다."
미테랑 대통령은 또 프랑스와 튀니지, 프랑스와 마그레브 북아프리카 국가들, 나아가 프랑스와 아랍국가들과의 대화에 대해 언급했다. 그는 '충분히 무르익어 풍성한 열매를 거두고 있으며 이는 변함없이 계속될 것이다'라고 강조했다.
엘리제궁의 셰프는 1983년 10월 28일 금요일, 프랑스 대통령과 튀니지 대통령이 만나는 현장에서 이 오찬을 준비했다.

8인분
준비 : 40분
조리 : 12분

재료
- 랍스터 암컷(각 800g) 4마리

뉴버그 소스
- 생선 육수 1리터
- 샬롯 2개
- 액상 생크림 300g
- 버터 100g
- 달걀노른자 2개분
- 코냑
- 마르살라 와인
- 해바라기유
- 소금, 카옌페퍼

가니시용 부재료
- 당근 4개
- 셀러리악 작은 것 1개
- 양파 2개
- 익힌 송로버섯 1개
- 이탈리안 파슬리

'뉴버그' 랍스터 카솔레트

CASSOLETTE DE HOMARD ≪NEWBURG≫

1. 농어 준비하기

가니시용 채소의 껍질을 벗기고 미르푸아(mire-poix)로 깍둑 썬다.
이탈리안 파슬리를 잘게 썬다. 파슬리는 채소를 다 익힌 다음 마지막에 넣어준다.
소스를 만들 때 사용될 샬롯의 껍질을 벗긴 뒤 잘게 썬다.

2. 랍스터 준비하기

랍스터를 솔로 문질러 깨끗이 씻은 다음 산 채로 토막 내 부위별로 자른다. 머리 부분 안에 있는 크리미한 내장은 모래주머니를 제거한 뒤 따로 보관해둔다.
랍스터 껍데기를 생선 육수에 넣고 끓인다.
약간의 기름과 버터를 달군 소테팬에 랍스터 토막과 집게발을 넣고 센 불에서 볶아 색을 낸다. 이 작업은 5분을 넘기지 않도록 주의한다. 기름을 살짝 제거한 뒤 코냑을 넉넉히 붓고 불을 붙여 플랑베한다. 이어서 마르살라를 넣고 디글레이즈한다. 랍스터살 토막을 건져낸다.
집게발은 약 5분 정도 더 익힌 다음 건져내 뜨거울 때 껍데기를 벗긴다.
같은 팬에 샬롯을 넣어준다. 랍스터 껍데기를 끓인 생선 육수를 체에 걸러 팬에 넣어준다. 생크림을 넣은 뒤 20분간 끓인다. 다시 체에 거른다.

3. 가니시 준비하기

채소를 모두 씻어 껍질을 벗긴다.
셀러리악, 양파, 당근, 송로버섯을 모두 미르푸아로 깍둑 썬다.
약간의 기름을 달군 소테팬에 양파, 당근, 셀러리악을 넣고 살짝 노릇해질 때까지 볶는다.
뚜껑을 덮고 익힌다. 필요한 경우 생선 육수를 아주 조금 넣어준다. 채소가 모두 부드럽게 익으면 송로버섯과 잘게 썬 이탈리안 파슬리를 넣어준다.

4. 카솔레트 만들기

서빙 바로 전 랍스터살 토막의 껍데기를 벗겨낸다. 각 카솔레트 용기에 가니시용 채소 약간과 랍스터 반 마리 분량(몸통과 집게 살)을 고루 담는다. 카옌페퍼를 조금 뿌린다. 오븐에 넣어 살짝 데운다. 너무 건조해지지 않도록 주의한다. 그동안 소스를 마무리한다.
소스가 다시 끓어오르지 않도록 주의하며 데워준다. 불에서 내린 뒤 달걀노른자 2개를 풀어 넣고 잘 저어 리에종한다. 이어서 작게 깍둑 썰어둔 차가운 버터를 넣고 잘 저어 섞는다.
각 카솔레트 위에 이 소스를 넉넉히 끼얹은 다음 뜨거운 오븐 브로일러 또는 살라만더 그릴 아래에 넣어 그라탱처럼 재빨리 구워낸다.

Guillaume

Auguste Renoir (1841-1919) Musée du Louvre

Palais de l'Élysée

프랑수아 미테랑,
호스니 무바라크
이집트 대통령을 맞이하다

François Mitterrand reçoit Hosni Moubarak,
président de la République arabe d'Égypte

—

1985년 9월 30일

호스니 무바라크는 1981년 아누아르 엘 사다트(Anouar el-Sadate) 전 대통령이 암살되면서 대통령직을 승계받았고, 아랍의 봄 민주화 운동이 일어났던 2011년 사임할 때까지 30년간 장기집권했다. 1985년 가을 무바라크 대통령이 프랑스 엘리제궁을 방문할 당시 그는 이미 프랑수아 미테랑 대통령과 열 번 정도 만난 적이 있었다. 미테랑 대통령은 이집트와 프랑스 사이의 심도있는 오랜 관계에 깊은 관심과 애착을 갖고 있었다. 양국은 오늘날의 주요 현안에 공동으로 대처하고 지중해의 양쪽 끝에 위치한 이 두 나라의 평화와 국민들의 번영을 위해 협력하자는 취지에 바탕을 둔 우호 관계를 이어오고 있다. 일 년 후 무바라크 대통령이 파리를 국빈 방문했을 때 미테랑 대통령은 '한 세기를 뛰어넘는 역사를 지니고 있는 이 협력 관계의 전통'을 강조했으며 '이집트와 프랑스는 어떻게 보면 협업(coopération)이라는 단어가 아직 존재하지 않거나 혹은 오늘날 통용되는 그 의미로 사용되지 않을 때 이것의 개념을 처음 도입했다고 할 수 있다'라고 언급했다.

6~8인분
준비 : 120분
조리 : 10분

재료

비스퀴 퀴예르
(biscuit cuillère)
- 달걀흰자 720g
- 설탕 440g
- 달걀노른자 420g
- 밀가루 250g
- 전분 240g

딸기 시럽
- 야생 숲딸기(fraise des bois) 생과 또는 퓌레 250g
- 설탕 50g
- 물 100g

바바루아즈
- 야생 숲딸기 퓌레 200g
- 달걀노른자 64g
- 설탕 80g
- 판 젤라틴 12g
- 휘핑한 생크림 560g
- 라임 1개(즙, 제스트)

라임 커드
- 라임 3개
- 달걀 3개
- 달걀노른자 2개
- 설탕 120g

데커레이션
- 야생 숲딸기
- 슈거파우더
- 라임 1개

야생 숲딸기 바바루아즈

BAVAROISE À LA FRAISE DES BOIS

1. 비스퀴 퀴예르 만들기

밀가루와 전분을 체에 친다. 달걀노른자에 설탕의 일부를 넣고 거품기로 저어 휘핑한다. 여기에 체에 친 가루 재료를 넣고 잘 섞는다.

달걀흰자에 나머지 설탕을 넣어가며 거품기로 휘핑해 단단한 머랭을 만든다. 달걀노른자와 가루 재료 혼합물에 거품 낸 달걀흰자를 넣고 알뜰주걱으로 살살 섞어준다.

반죽을 유산지 위에 펼쳐 놓은 뒤 슈거파우더를 뿌린다. 표면의 슈거파우더가 스며들어 보이지 않게 되면 다시 한번 슈거파우더를 뿌린 뒤 오븐에 넣는다. 200℃에서 약 10분간 굽는다. 오븐에서 꺼낸 뒤 오븐팬에서 유산지를 들어내 더 이상 익는 것을 방지한다.

준비한 틀 모양대로 비스킷을 잘라내 2장을 준비한다.

2. 시럽 만들기

냄비에 설탕과 물을 넣고 끓인다. 야생 숲딸기 퓌레(또는 생과)를 넣어준다. 블렌더로 간 다음 식힌다.

3. 딸기 바바루아즈 만들기

냄비에 딸기 퓌레와 라임즙을 넣고 끓인다. 볼에 달걀노른자와 설탕을 넣고 거품기로 저어 색이 뽀얗게 변할 때까지 잘 섞는다. 이 둘을 혼합해 크렘 앙글레즈와 같은 농도가 될 때까지 가열한다(약 85℃). 불에서 내린다. 찬물에 미리 담가 불려둔 젤라틴을 꼭 짜서 넣는다. 잘 저어 녹인 뒤 재빨리 식힌다.

혼합물의 온도가 25~30℃까지 떨어지면 휘핑한 크림을 넣고 살살 섞어준다. 이어서 라임 제스트를 넣고 잘 섞는다.

4. 조립하기

틀 바닥에 비스퀴 시트를 한 장 깐다. 붓으로 딸기 시럽을 발라 적셔준다.

작은 냄비에 라임즙과 달걀노른자, 달걀, 설탕을 넣고 잘 저으며 끓을 때까지 가열한다.

혼합물을 틀 안에 깔아둔 비스퀴 위에 직접 부어준다. 그 위에 바바루아즈 혼합물의 반을 부어 채운다(바바루아즈 혼합물을 만든 뒤 바로 사용한다). 두 번째 비스퀴에도 마찬가지로 붓으로 시럽을 발라 적신 다음 뒤집어서 틀 안에 채운 바바루아즈 무스 위에 얹어준다. 비스퀴 표면에도 시럽을 발라 적신 뒤 마지막으로 나머지 바바루아즈를 부어 덮어준다. 냉장고에 보관한다.

5. 완성하기

틀 전체에 야생 숲딸기를 얹은 다음 슈거파우더를 솔솔 뿌린다. 라임 제스트를 조금 뿌려 마무리한다.

_ 프랑수아 미테랑, 호스니 무바라크 이집트 대통령을 맞이하다. 1985년 9월 30일.

aveurs prin

xère en deux cuissons

u jambon de pays

Fromages

프랑수아 미테랑, 파흐드 빈 압둘아지즈 알사우드 사우디아라비아 국왕 환영 만찬

Dîner offert par François Mitterrand en l'honneur du roi Fahd Bin abdelaziz Al-Saud, souverain d'Arabie saoudite

–

1987년 4월 15일

프랑스와 사우디아라비아의 두 정상은 양국 외교 관계와 중동 평화 회의안에 대해 주로 협의했다. 미테랑 대통령은 만찬에서 사우디아라비아와 프랑스 사이에 오랜 시간 쌓아온 관계의 굳건한 전통, 특히 드골 대통령과 파이살 빈 압둘아지즈 알사우드 국왕이 문화, 경제, 산업 등 모든 분야에서 일구어 온 지속적이고도 밀접한 관계를 소환했다. 또한, 이라크와 이란 사이에 계속되고 있는 지난하고도 명분 없는 '참혹한 전쟁'에 대해 힘주어 언급하기도 했다. 이에 대한 프랑스의 입장은 알려졌다시피 명확했다. 프랑스는 두 차례에 걸쳐 평화를 회복하고자 하는 제안의 주도권을 행사했고 이러한 제안들은 유엔 안보리 상임이사국들로부터 만장일치 동의를 얻어냈다. 특히 미테랑 대통령은 평화 구축을 위한 해법을 찾기 위해서는 중동 지역 문제 해결을 위한 국제회의 계획이 중요하다는 점을 강조했다.

8인분
준비 : 1시간 30분
조리 : 25분(양 볼기 등심), 20분 (가니시)
휴지 : 1시간

재료
- 젖먹이 양(agneau de Lozère) 볼기 등심 덩어리 1개(30cm) 또는 반으로 자른 덩어리 2개
- 이탈리안 파슬리 1단
- 양파 2개
- 당근 1개
- 셀러리 1줄기
- 마늘 1톨
- 빵가루 100g
- 버터 30g
- 올리브오일
- 소금, 카옌페퍼

'르네상스' 가니시
- 샬롯 작은 것 2개
- 아티초크 (artichauts barigoule) 8개 (너무 작지 않은 것으로 고른다)
- 당근 중간 크기 2개
- 황색 둥근 순무 (boule d'or) 2개
- 콜리플라워 1개
- 깍지를 깐 완두콩 200g
- 그린빈스 200g
- 그린 아스파라거스 (굵직한 것으로 고른다) 8개
- 레몬 1개
- 닭 육수 또는 채소 육수 500ml
- 버터 60g
- 홀란데이즈 소스 (p.217 레시피 참조) 250ml
- 올리브오일
- 소금, 후추

'르네상스' 양 볼기 등심 로스트

SELLE D'AGNEAU RÔTIE ≪RENAISSANCE≫

1. 양 볼기 등심 양념 재료 및 소스용 채소 준비하기

마늘의 껍질을 벗긴 뒤 다진다. 이탈리안 파슬리는 씻어서 잘게 썬다.
소스 만들 때 사용될 당근, 셀러리, 양파의 껍질을 벗긴 뒤 브뤼누아즈(brunoise)로 잘게 깍둑 썬다.
볼에 다진 마늘, 파슬리, 빵가루를 넣고 섞는다. 소금과 카옌페퍼로 간을 한 다음 올리브오일을 한 테이블스푼 넣어준다(페르시야드).

2. 양 볼기 등심 준비하기

양 볼기 등심 덩어리에 꼬리를 붙인 채 손질한다. 우선 껍질이 찢어지지 않도록 주의하며 안쪽으로부터 뼈를 제거한다. 양쪽을 날개처럼 덮고 있는 덮개살을 깨끗이 닦은 뒤 껍질을 제거하고 끝을 살짝 잘라 다듬는다. 표면에 칼로 격자무늬로 칼집을 내준다. 덩어리 아래쪽에 있는 가는 필레 살을 깨끗이 닦아준다. 이 부위는 다시 안쪽으로 넣어줄 것이다.
다듬으면서 나오는 자투리살과 뼈, 기름 등은 소스용으로 따로 보관한다.
볼기 등심 덩어리에 간을 충분히 한다. 뼈를 제거한 자리에 페르시아드(persillade) 양념을 채워 넣고 필레 살을 길게 끼워 넣는다. 양쪽 덮개살로 전체를 감싸 말아준 다음 익히는 동안 벌어지지 않도록 주방용 실로 4~5땀 꿰매 고정시킨다. 필요한 경우 고기에 자국이 남지 않도록 주의하며 실로 묶어주어도 좋다.
가는 바늘로 표면 전체를 고루 찔러 익히는 동안 벌어지거나 터지지 않도록 한 다음 조리를 시작한다.

3. 육즙 소스(jus) 만들기

냄비에 약간의 올리브오일과 버터를 달군 뒤 잘게 썬 양고기 뼈를 넣고 색이 나도록 지진다. 이어서 자투리 살을 모두 넣고 함께 색이 나도록 볶는다. 필요한 경우 버터를 추가하면 육즙이 냄비 바닥에 더 잘 응축되어 눌어붙게 된다. 냄비의 기름을 어느 정도 덜어낸 다음 잘게 썬 양파, 셀러리, 당근, 부케가르니를 넣어준다. 물을 붓고 육즙 소스(jus) 농도가 될 때까지 졸인다. 체에 걸러 자투리 고기 등은 제거하고 채소 가니시는 따로 건져둔다.

4. '르네상스' 가니시용 채소 준비하기

샬롯의 껍질을 벗긴 뒤 잘게 썬다.
아티초크의 껍질을 벗긴 뒤 밑동 속살 부분만 지름 3~4cm 정도 크기로 다듬어 깎는다. 속살 가운데의 털을 파낸 다음 (따로 보관해두었다가 다른 용도로 사용해도 된다) 레몬즙을 살짝 뿌려 갈변을 막는다. 완두콩의 깍지를 까고 그린빈스를 씻는다.

아스파라거스는 비늘 같은 눈을 떼어내 다듬은 뒤 머리 부분을 4cm 길이로 자른다. 나머지 부분은 감자 필러를 이용해 두께 1.5mm, 길이 8cm의 얇고 긴 띠 모양으로 8장을 저며낸다.
아스파라거스 줄기 남은 부분은 다른 레시피에 사용한다.
당근과 순무의 껍질을 벗긴 뒤 씻어준다. 작은 멜론 볼러를 이용해 최대한 균일한 완두콩 크기의 구슬 모양으로 도려내준다. 콜리플라워를 씻은 뒤 물기를 닦아준다.

5. 채소 익히기

소테팬에 올리브오일 한 스푼을 넣고 달군 뒤 아티초크와 아스파라거스 윗동을 넣고 볶는다. 모양이 흐트러지지 않도록 주의한다. 잘게 썬 샬롯을 넣고 함께 볶는다. 육수를 재료 높이만큼 붓고 뚜껑을 덮은 뒤 6~8분간 익힌다.
아티초크와 아스파라거스가 익으면 조심스럽게 건져내 식힌다. 익히고 남은 국물을 소스용으로 따로 보관한다.
콜리플라워는 작은 송이로 자른 다음 끓는 소금물에 데쳐 완전히 익힌다. 익은 콜리플라워를 건져낸 뒤 한 김 식혀 수분을 날린다.
그린빈스와 완두콩도 넉넉한 양의 끓는 소금물에 넣어 익힌다. 건져서 찬물에 식힌다. 그린빈스를 4cm 길이로 자른다.
얇은 띠 모양으로 잘라둔 아스파라거스 줄기는 끓는 물에 잠깐 넣었다 건진다. 부드럽게 휠 정도로만 슬쩍 데치면 된다.
소테팬에 버터 30g을 녹인 뒤 구슬 모양으로 도려낸 순무와 당근을 넣고 색이 나지 않게 익힌다. 육수를 아주 소량 넣어 윤기나게 익힌다. 유산지로 덮어준다.

6. 가니시 완성하기

익힌 콜리플라워를 면포로 감싸면서 3.5cm 크기의 공 모양으로 뭉쳐준다. 둥그렇게 모양이 잡힌 콜리플라워에 홀란데이즈 소스를 한 스푼 끼얹어 바른 뒤 살라만더 그릴이나 오븐 브로일러에 넣어 그라탱처럼 굽는다.
아티초크 속살 중앙 우묵한 부분에 작은 구슬 모양의 당근과 순무, 완두콩을 보기좋게 고루 채워 넣는다. 색을 교대로 배치하면 더욱 보기 좋다.
그린빈스와 아스파라거스 윗동을 몇 개씩 모아 띠 모양 아스파라거스로 감아준 다음 중앙에 놓는다. 갈변을 막기 위해 붓으로 버터를 넉넉히 발라준다.

7. 양고기 익히기

양고기 크기에 적당한 소테팬이나 로스팅팬에 올리브오일을 둘러 뜨겁게 달군다. 간을 해둔 양고기 볼기 등심을 팬에 놓고 각 면을 고르게 12분간 지진다. 고기가 너무 많이 익지 않도록 시간을 정확히 준수하는 것이 중요하다. 190℃ 오븐에 넣어 10분간 익힌 뒤 꺼내서 망에 올려 레스팅한다. 5분마다 고기를 뒤집어놓아 고기 내부의 육즙이 고루 분포되도록 해준다. 레스팅이 끝날 때까지 묶은 실을 풀지 않도록 주의한다. 고기의 풍미와 연한 식감, 촉촉한 육즙을 유지하기 위해서는 충분히 레스팅하는 것이 매우 중요하다. 이렇게 레스팅을 마치면 고기를 자를 때 육즙이 접시에 흥건히 흘러나오지 않는다.

8. 플레이팅

준비해둔 가니시 채소를 약한 온도의 오븐에 살짝 데운다.
고기가 충분히 레스팅을 마치면 매듭을 조심스럽게 풀어 묶었던 실을 제거한다. 1cm의 일정한 두께로 고기를 커팅한다.
육즙 소스를 데운다. 아티초크에 샬롯을 넣어 익히고 남은 국물을 첨가해 함께 데운 다음 마지막에 버터를 넣고 잘 저어 섞는다.
서빙용 플레이트 중앙에 슬라이스한 양고기를 조금씩 겹쳐가며 놓는다. 가니시 채소를 빙 둘러놓는다. 아스파라거스와 그린빈스 묶음, 소스를 입혀 윤기나게 구운 콜리플라워, 구슬 모양 채소를 채운 아티초크를 교대로 보기 좋게 배열해 놓는다. 소스는 따로 용기에 담아 서빙한다.
갸름하게 돌려깎아 삶은 뒤 노릇하게 익힌 감자(pommes fondantes)를 다른 그릇에 담아 함께 서빙한다.

Dîner

offert en l'honneur du

Roi Fahd Ibn Abdulaziz Al-Saud
Gardien des Deux Lieux Saints,
Souverain du Royaume d'Arabie Saoudite

par

Monsieur le Président de la République
et Madame François Mitterrand

Mercredi 15 Avril 1987

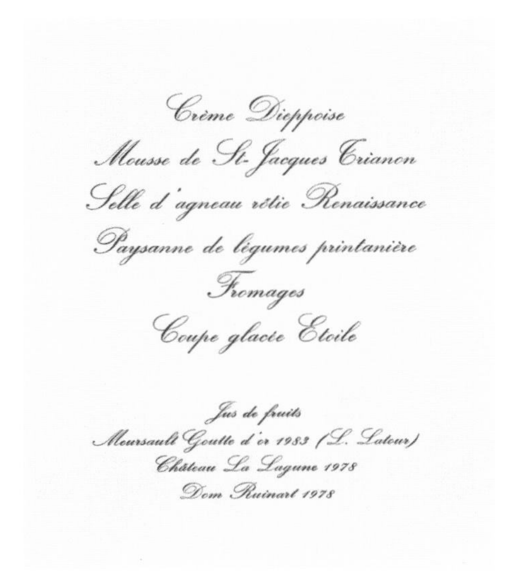

Crème Dieppoise
Mousse de St-Jacques Trianon
Selle d'agneau rôtie Renaissance
Paysanne de légumes printanière
Fromages
Coupe glacée Etoile

Jus de fruits
Meursault Goutte d'or 1983 (L. Latour)
Château La Lagune 1978
Dom Ruinart 1978

_ 프랑수아 미테랑, 파흐드 빈 압둘아지즈 알사우드 사우디아라비아 국왕 환영 만찬. 1987년 4월 15일.

정원에서 바라본 궁의 경관

프랑수아 미테랑, 벤 알리 튀니지 대통령을 맞이하다

François Mitterrand reçoit
Zine el-Abidine Ben Ali

–

1988년 9월 12일

1987년 11월 7일, 당시 총리였던 지네 엘 아비디네 벤 알리는 하비브 부르기바(Habib Bourguiba) 대통령을 고령과 건강상의 이유를 근거로 퇴진시키고 헌법 규정에 따라 대통령에 취임했다. 따라서 1988년 9월 12일부터 14일까지 벤 알리는 국가 원수 자격으로 프랑스를 방문하여 같은 해 5월에 재당선된 프랑수아 미테랑 대통령을 예방했다. 방문 전인 8월에 발표된 외무성 공식 성명에서는 "이번 방문은 프랑스와 튀니지 간의 깊은 우호 관계를 보여주며 이러한 양국의 관계를 바탕으로 긴밀한 협력을 공고히 하기 위한 의지를 확고히 할 것"이라고 명시했다.

6인분
준비 : 15분
조리 : 30분

재료
- 리크 4대
- 감자 3개
- 버터 50g
- 맑은 콩소메 2리터
- 더블크림 300g
- 차이브 1/2단
- 소금, 후추

비시수아즈 크림수프

CRÈME VICHYSSOISE

1. 재료 손질하기

리크(서양대파)의 겉잎을 벗긴 뒤 흰 부분만 준비한다. 잘라낸 녹색 부분은 보관해두었다가 다른 레시피에 사용한다. 리크 흰 부분을 굵직하게 송송 썬다. 감자를 씻어 껍질을 벗긴 뒤 적당한 크기로 썰어 찬물에 담가둔다. 차이브를 잘게 썬다.

2. 조리하기

적당한 크기의 냄비에 버터와 리크를 넣고 색이 나지 않게 볶는다.
색이 나지 않고 푹 익도록 뚜껑을 덮어주고 중간중간 저으며 타지 않도록 주의한다.
이어서 감자를 넣고 콩소메 또는 물을 붓는다. 소금으로 살짝 간을 한 다음 30~40분간 끓인다. 재료가 푹 익으면 블렌더로 간 다음 고운 체에 걸러 리크의 섬유질과 불순물을 제거한다.

3. 플레이팅

수프를 체에 거른 뒤 다시 냄비에 넣고 간을 맞춘다. 더블크림을 넣어 농도를 맞춘다. 계속 잘 저어주며 5분 정도 끓인다.
식힌 뒤 냉장고에 보관한다. 이 수프는 차갑게 서빙한다.
서빙할 때 잘게 썬 차이브를 얹어준다.

l'Orchestre à Cordes
de la
Garde Républicaine
dirigé par
le Commandant André Guilbert
Chef de Musique adjoint
interprètera pendant le dîner

Symphonie n° 2	Blainville
Suite des Indes galantes	Rameau
Orchester Quartett	Stamitz
Symphonie salzbourgeoise n° 1	Mozart
Abdelazer suite	Purcell

_ 프랑수아 미테랑, 벤 알리 튀니지 대통령을 맞이하다. 1988년 9월 12일.

Déjeuner

offert en l'honneur de

Son Excellence
Monsieur le Président de la République du Mali
et Madame Moussa Traore

par

Monsieur le Président de la République
et Madame François Mitterrand

Jeudi 6 Avril 1989

프랑수아 미테랑, 무사 트라오레 말리 대통령 환영 오찬

François Mitterrand reçoit
à déjeuner le président malien Moussa Traoré

—

1989년 4월 6일

1990년 프랑스 라 볼(La Baule)에서 제16차 프랑스, 아프리카 국가 정상 회의가 열리기 한 해 전, 프랑수아 미테랑 대통령은 말리의 무사 트라오레 대통령을 맞이했다. 1990년 6월, 프랑스 대통령은 아프리카 국가들의 개발 원조에 참여한다는 의지를 재확인했고 이와 같은 지원이 아프리카 정권의 민주적인 변화에도 일조를 할 수 있다고 강조했다. "발전 없이는 민주주의가 있을 수 없고 거꾸로 민주주의 없이는 발전도 있을 수 없다."

RF

8인분
준비 : 45분
조리 : 55분

재료
- 감자(각 220g. charlotte 품종) 12개
- 무염 버터 200g
- 콩테(comté) 치즈 250g
- 소금, 후추, 넛멕

폼 '안나' 또는 '엘리제식' 감자 파이

POMMES ≪ANNA≫ OU POMME MOULÉES ≪ELYSÉE≫

1. 재료 준비하기

버터를 녹여 정제 버터를 만든다. 그동안 콩테 치즈를 강판에 가늘게 간다.
감자의 껍질을 벗긴 뒤 씻어 일정한 크기의 원통형으로 깎는다. 양쪽 끝은 수직으로 잘라낸다. 감자를 원통형으로 깎아낼 때 자투리 낭비를 최소화하기 위해서는 처음부터 일정한 크기의 감자를 선택하는 것이 좋다.
만돌린 슬라이서를 사용해 감자를 3mm 두께로 썬다.

2. 감자 미리 익히기

소금을 넣은 끓는 물에 슬라이스한 감자를 넣고 2분간 데친다. 건져서 물기를 털어낸 다음 깨끗한 면포 위에 펼쳐놓는다(찬물에 넣어 식히지 않는다).
이 작업은 감자의 전분을 끌어내어 슬라이스한 조각끼리 서로 잘 달라붙게 해준다.
바로 소금, 후추로 간하고 넛멕을 조금 갈아서 뿌린다.

3. 조립하기

이 과정은 매우 중요하다. 켜켜이 쌓으면서 중간중간 살짝 눌러가며 모양을 잘 잡아주어야 나중에 틀을 제거할 때 감자 파이가 무너지지 않는다.
지름 16cm, 높이 9cm 크기의 샤를로트 틀에 정제 버터를 붓으로 넉넉히 발라준다. 감자 슬라이스를 틀 바닥 둘레에 조금씩 겹쳐가며 꽃모양으로 빙 둘러 한 켜 깔아준다.
가운데 빈 공간에 감자를 반대 방향으로 빙 둘러 깔아 메워준다. 중앙에 감자 슬라이스 한 개를 놓아 빈틈이 생기지 않도록 채운다. 첫 번째 켜 위에 감자를 반대 방향으로 빙 둘러 올린다. 다른 틀로 살짝 눌러 감자 슬라이스들이 똑바로 자리를 잡도록 해준다.
가늘게 간 콩테 치즈를 뿌려 넣고 다시 감자를 빙 둘러놓는다. 이와 같은 방법으로 감자와 치즈를 켜켜이 쌓는 작업을 반복(6회)하며 끝까지 틀을 채운다. 조립이 끝난 뒤 남은 정제 버터를 맨 위에 고루 붓는다. 익히기 전 냉장고나 시원한 곳에 보관한다.

4. 익히기

전기레인지나 가스 불에 올려 5분간 먼저 익힌 뒤 200℃로 예열한 오븐에 넣어 45분간 굽는다. 중간에 꺼내서 알루미늄 포일을 덮어 구운 색이 너무 진하게 나고 겉이 마르는 것을 방지해준다.
다 익으면 오븐에서 꺼낸 뒤 약 15분간 휴지시킨다. 다른 틀로 감자 파이를 살짝 눌러준다. 여분의 버터를 따라낸 다음 틀에서 분리한다. 충분히 노르스름하게 구워지지 않았다면 다시 불에 올려 조금 더 굽는다.

이 레시피는 다른 치즈를 사용하거나 당근과 감자를 교대로 쌓아 만드는 등 다양한 방법으로 변화를 줄 수 있다. 사이사이에 얇게 슬라이스한 송로버섯을 넣어주면 크레시(crécy) 또는 사를라데즈(sarladaise) 감자 파이가 된다.

1877년 제조된 세브르(Sèvres) 도자기 세트 중 하나인 볼. 프랑스 공화국의 이니셜 마크(RF)가 새겨져 있다.

_ 프랑수아 미테랑, 무사 트라오레 말리 대통령 환영 오찬. 1989년 4월 6일.

Palais de l'Élysée

프랑수아 미테랑, 바클라브 하벨 체코슬로바키아 대통령을 맞이하다

François Mitterrand accueille Václav Havel

–

1990년 3월 19일

공식 만찬에 앞서 피아노 콘서트가 있었고, 만찬 중에는 프랑스 공화국 근위대 현악 오케스트라의 연주가 이어졌다. 엘리제궁에서는 체코슬로바키아 공화국 바클라브 하벨 대통령을 프랑스에서 맞이하는 역사적인 순간이 이루어지고 있었다. 프랑수아 미테랑 대통령은 2년 전에도 국제 인권의 날 하루 전, 체코슬로바키아 주재 프랑스 대사관에서 바클라브 하벨을 포함한 반정부파 인사들을 역사적인 조찬 모임에 초청한 바 있다. 1년 후인 1989년, 중부 유럽에서 공산주의 정권들이 무너지고 바클라브 하벨은 공화국의 대통령이 되었다. 특별히 양국 정상은 외교적 관계를 넘어 매우 돈독한 유대를 가졌다.

8인분
준비 : 20분
조리 : 1시간 45분

재료
- 서대(각 600g) 4마리
- 민물가재 300g
- 토마토 1개
- 샬롯 2개
- 코냑 50g
- 생크림 120g
- 강꼬치고기 살 250g
- 생크림 200g
- 달걀 1개
- 가리비 8개
- 달걀 2개
- 빵가루 100g
- 고수 1/2단
- 길쭉한 무 200g
- 사프란 2g
- 쌀 100g
- 피키요스 고추 8개
- 레몬 2개
- 크레송(물냉이) 1단

'위르뱅 뒤부아' 서대 요리

TURBAN DE SOLES ≪URBAIN DUBOIS≫

1. 생선 손질하기, 스터핑 준비하기

서대를 씻어 필레를 뜬 다음 냉장고에 보관한다. 강꼬치고기 살을 블렌더로 간다. 생크림(120g)과 달걀흰자 1개분을 넣고 함께 갈아 스터핑 혼합물을 만든다.
민물가재의 내장을 제거한 뒤 머리와 몸통(꼬리) 부분을 떼어 분리한다. 민물가재 꼬리 살을 팬에 볶은 뒤 바트에 덜어낸다. 머리는 잘게 자른다.
샬롯의 껍질을 벗기고 잘게 썬다. 토마토를 씻은 뒤 작은 주사위 모양으로 썬다.
뜨겁게 달군 냄비에 민물가재 껍데기와 머리를 모두 넣고 볶는다. 샬롯과 토마토를 넣어준다. 코냑을 넣고 불을 붙여 플랑베한다. 육수나 물을 재료 높이만큼 붓고 생크림을 넣어준다. 20분 정도 끓인 뒤 체에 거른다.

2. 터번 모양 만들기

서대 필레를 살짝 두드려 납작하게 만든다. 작은 사이즈의 사바랭 틀 안쪽에 버터를 얇게 바른다. 서대 필레를 사선으로 조금씩 겹쳐 놓는다. 생선 살을 갈아 만든 스터핑 혼합물을 얇게 한 켜 발라 덮어준다. 이어서 민물가재 살을 놓고 소스를 조금 뿌려준다. 다시 스터핑 혼합물을 한 켜 덮어준 다음 서대 필레를 얹는다. 알루미늄 포일 등으로 덮어준 다음 160℃ 오븐에서 중탕으로 익힌다. 터번 모양으로 익은 생선을 틀에서 제거한 뒤 소스를 윤기나게 발라준다. 뜨겁게 보관한다.

3. 첫 번째 가니시 만들기

무의 껍질을 벗긴 뒤 작은 반달 모양으로 썬다. 약간의 생선 육수와 사프란을 넣고 약불에서 12분 정도 약간 살캉하게 익힌다.
가리비 살을 재빨리 씻어 종이타월로 물기를 제거한 뒤 간을 한다. 밀가루를 얇게 묻힌 다음 달걀물, 허브가루를 섞은 빵가루를 입혀준다.
팬에 정제 버터를 달군 뒤 가리비 살을 넣고 바삭하게 튀기듯 지진다. 다 익은 뒤 레몬 제스트를 살짝 갈아서 뿌리고 소금(플뢰르 드 셀)을 뿌린다. 익힌 무 위에 가리비 살을 얹는다.

L'Orchestre à Cordes
de la
Garde Républicaine
dirigé par
le Colonel Roger Boutry
Premier Grand Prix de Rome
interprètera pendant le dîner

Suite française — J. B. Lully

Concerto pour Hautbois
et Orchestre à Cordes
Soliste : Didier Costarini — Benedetto Marcello

Deux Préludes Opus 28 — F. Chopin

Petite Musique de Nuit — W. A. Mozart

Suite pour Cordes
Extrait de Sémélé — Marin Marais

4. 두 번째 가니시 만들기

샬롯을 작은 주사위 모양으로 자른 뒤 색이 나지 않게 볶는다. 여기에 쌀을 넣고 함께 볶다가 흰색 닭 육수로 물을 잡은 뒤 오븐에서 18분간 익힌다. 피키요스 고추를 씻어 물기를 닦는다. 쌀이 익으면 버터를 한 조각 넣고 잘 섞는다. 그 위에 피키요스 고추를 넣고 뚜껑을 닫아 뜨겁게 보관한다.

5. 플레이팅

원형 플레이트 중앙에 터번 모양 서대를 놓고 우묵한 중앙에 크레송을 넣어준다. 두 종류의 가니시를 빙 둘러놓는다. 가리비 사이사이에 1/4로 자른 레몬을 한 조각씩 배치한다.

_ 프랑수아 미테랑, 바클라브 하벨 체코슬로바키아 대통령을 맞이하다. 1990년 3월 19일.

Caviar

Rouelle de gigot d'agneau grillée

Pâtes fraîches

Fromages

Gâteau d'anniversaire

Vodka

Corton Charlemagne 1982

Château l'Angélus 1961

Dom Ruinart 1978

대통령의 결혼기념일

Anniversaire de mariage du président

–

1990년 10월 21일

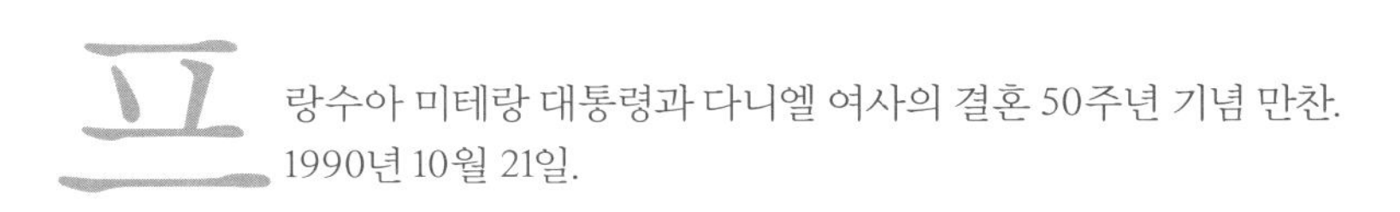

프랑수아 미테랑 대통령과 다니엘 여사의 결혼 50주년 기념 만찬.
1990년 10월 21일.

6인분	재료
준비 : 15분	- 밀가루 500g
조리 : 파스타	- 달걀 6개
두께에 따라 몇 분	- 소금 15g
소요	- 올리브오일

프레시 파스타

PÂTES FRAÎCHES

1. 파스타 반죽 만들기

반죽 재료는 모두 상온으로 동일하게 준비해두는 게 중요하다. 하루 전에 준비해둔다.

작업대 위에 직접 또는 볼이나 전동 스탠드(플랫비터 장착) 믹서 볼 안에 체에 친 밀가루와 달걀, 소금, 올리브오일 한 바퀴를 둘러 넣고 잘 섞어 반죽한다.

2. 파스타 반죽 완성하기

반죽이 고루 섞이면 너무 많이 치대지 않는다. 꺼내서 작업대 바닥에 놓고 손바닥 뿌리 부분으로 누르며 끊듯이 밀어주기를 두 번 반복한다. 최소 30분 정도 휴지시킨다.

3. 조리하기

파스타 롤러를 사용해 반죽을 원하는 두께로 밀어준다. 레시피에 사용하고자 파스타 굵기(폭 사이즈)로 밀어준 다음 면포에 올려놓는다. 즉시 삶는다.

반죽에 사프란, 말린 채소 가루 또는 오징어 먹물 등으로 풍미나 색을 더할 때는 반죽 재료를 혼합하는 단계에서 넣어준다. 생 파스타는 파스타 롤러로 밀어 만든 즉시 삶는다. 하지만 경우에 따라 국수 모양으로 뽑아놓은 뒤 건조 또는 냉동도 가능하다.

Eugène Delacroix (1798-1863) Musée du Louvre

Palais de l'Élysée

BRAGARD

프랑수아 미테랑과 후세인 요르단 국왕 오찬

Déjeuner entre
François Mitterrand et le roi Hussein de Jordanie

–

1991년 3월 29일

세인 요르단 국왕은 특히 걸프전이 진행되는 동안 중동 지역 외교에서 중추적 역할을 했다. 양국 정상은 중동 지역의 평화 프로세스를 지지하는 공동 참여에 대해 협의하기 위해 수차례의 회동을 가졌다.

6/8인분
준비 : 20분

재료
- 초콜릿 600g
- 달걀 8개
- 버터 400g

마르키즈 오 쇼콜라
MARQUISE AU CHOCOLAT

1. 다크 초콜릿 시트 만들기
다크 초콜릿을 45℃까지 가열해 녹인 다음 29℃까지 식힌다. 다시 32℃로 온도를 높여 템퍼링한다.
두 장의 유산지 사이에 초콜릿을 놓고 밀대로 최대한 얇게 민다.
냉장고에 넣어 굳힌다.

2. 마르키즈 만들기
초콜릿과 버터를 내열 유리볼에 넣고 중탕으로 녹인다.
혼합물이 식으면 달걀노른자를 넣어준다.
달걀흰자를 휘저어 거품을 올린 다음 초콜릿, 버터, 달걀노른자 혼합물에 넣어 섞는다.
테린 틀에 초콜릿 무스와 작은 초콜릿 조각을 교대로 층층이 채워 넣은 뒤 맨 위에는 얇게 굳힌 초콜릿 시트로 덮어준다.
냉동실에 6시간 넣어두었다가 틀을 제거한 뒤 서빙한다.

맛의 혼란을 불러올 수 있는 너무 많은 수의 재료들,
식탁을 복잡하게 만드는 물건들,
지나친 격식 등 불필요한 모든 것은 제거한다.
그러면 결국 진정한 맛, 진정한 식감, 진정한 색과 같은
본질에 집중할 수 있다.

알랭 뒤카스(Alain Ducasse)

Palais de l'Élysée

프랑수아 미테랑, 엘리아스 흐라위 레바논 대통령을 맞이하다

François Mitterrand
reçoit Elias Hraoui, président du Liban

–

1991년 10월 21일

미테랑 프랑스 대통령이 중동 지역 평화 구축을 위해 이 지역 갈등 완화에 얼마나 적극적으로 나섰는지는 주지의 사실이다. 레바논에 매우 큰 애착을 갖고 있는 미테랑 대통령은 "한 나라는 정신력, 결단 및 우호 관계 그리고 그가 받아 마땅한 존중을 통해 위대해진다."라고 언급했다. 엘리제궁에서의 오찬을 마친 후 엘리아스 흐라위 레바논 대통령은 이번 엘리제 회담이 '지금까지' 그가 가졌던 모든 회담 가운데 '최고의 만남'이었다고 강조했다. 양국 정상은 45분간의 단독 회담을 가졌고 이어서 오찬을 겸한 장관 확대 회담이 이루어졌다. 이 회동에서는 레바논이라는 나라를 뒤흔들어 놓았던 16년 동안의 갈등의 세월 이후 추진해야 하는 일명 '재건' 사업은 물론, 이에 앞서 일상의 회복을 위한 조건들이 의제로 다루어졌다.

…on au beurre …

…illes

Déjeuner

… par

…and

프랑수아 미테랑, 미하일 고르바초프를 맞이하다

François Mitterrand
reçoit Mikhaïl Gorbatchev

–

1993년 5월 29일

미테랑 프랑스 대통령은 '페레스트로이카'라고 불린 고르바초프의 개혁정책에 공고하고도 지속적인 지원을 표명했다. "나는 소련과 프랑스 사이의 우호와 건전한 협약의 필요성에 대한 믿음을 중단한 적이 없다."라고 적극적으로 강조했다. 베를린 장벽이 무너진 지 4년 후, 프랑수아 미테랑 대통령은 소비에트 연방이 민주주의를 향해 나아가고 있는 동유럽 국가들의 난제들을 잘 인식하면서 유럽 안보를 위한 온전한 개체로서의 주역이 되어줄 것을 제안했다. 하지만 소비에트의 우상 파괴론자 개혁자이자 열렬한 평화 옹호자, '유럽 공동의 집' 주창자(이것은 후에 실패로 돌아간다) 그리고 냉전에 종지부를 찍은 미하일 고르바초프는 1991년 권좌를 떠나야만 했다. 따라서 2년 후 고르바초프는 공식 직함이 없는 전임 소비에트 지도자로서 프랑스 대통령과 만나게 된 것이며 엘리제궁에서 특별한 의전 없이 오찬이 이루어졌다.

8인분
준비 : 40분
조리 : 2시간 30분 ~ 3시간

재료
- 송아지 정강이(각 1.5kg) 2개
- 생 모렐버섯 1kg
- 무염 버터 120g
- 마늘 2톨
- 샬롯 80g
- 닭 육수 500ml
- 송아지 육수 200ml
- 생크림 약간
- 양파 100g
- 당근 250g
- 토마토 페이스트 20g
- 셀러리 100g
- 드라이 화이트와인 100ml
- 정향 2개
- 부케가르니 1개
- 소금, 후추

모렐 버섯을 넣은 송아지 정강이 요리

JARRET DE VEAU AUX MORILLES

1. 송아지 정강이 준비하기, 익히기 (가능하면 하루 전 준비)

송아지 정강이를 가볍게 닦아준 다음 소금, 후추로 간을 한다. 두꺼운 냄비에 올리브오일을 조금 달군 뒤 송아지 정강이를 넣고 센 불에서 겉을 지져 색을 낸다. 마지막에 버터를 조금 넣어준다. 송아지 정강이를 건져낸다.
브레이징용 채소를 준비한다. 양파, 당근, 셀러리의 껍질을 벗긴 뒤 씻어 작게 깍둑 썬다.
조리를 시작한다. 우선 송아지 정강이를 지져낸 냄비에 양파, 당근, 셀러리 등의 향신 채소를 넣고 볶는다. 토마토 페이스트를 넣고 같이 볶은 뒤 화이트와인을 넣어 디글레이즈한다.
여기에 송아지 정강이를 넣고 국물을 잡는다(송아지 육수와 물을 2:1 비율로 넣는다). 간을 하고 정향과 부케가르니를 넣어준다. 뚜껑을 덮은 뒤 180~190℃ 오븐에 넣어 약 2시간 30분 정도 익힌다. 익었는지 확인한 다음 송아지 정강이를 건져내 우묵한 그릇에 담는다. 고기가 부서지지 않도록 주의한다. 익히고 남은 국물을 고운 체에 거른 뒤 간을 맞춘다.
체에 거른 소스를 송아지 정강이에 끼얹어준 뒤 식힌다. 고기에 소스가 배어들도록 그대로 냉장고에 하룻밤 넣어둔다.

2. 모렐버섯 손질하기, 익히기

모렐버섯의 밑동을 잘라낸 다음 우선 따뜻한 물로 씻고 찬물에 담가둔다. 흙이 바닥에 가라앉으면 버섯을 손으로 살살 건져낸 다음 흐르는 물에 깨끗이 헹군다. 물기를 털어낸 다음 깨끗한 면포에 한 켜로 놓고 나머지 수분을 제거한다.
코코트 냄비에 버터 15g을 달군다. 버터에 거품이 일기 시작하면 마늘과 모렐버섯을 넣고 볶는다. 뚜껑을 덮고 버섯에서 수분이 나오도록 익힌다. 체에 부어 익힌 국물을 걸러낸다.
샬롯의 껍질을 벗긴 뒤 잘게 썬다.
소테팬에 버터 15g을 녹인 뒤 샬롯을 넣고 색이 나지 않게 볶는다.
모렐버섯을 넣고 4분 정도 굽듯이 지진다. 모렐버섯 익힌 국물을 붓고 3분의 2가 되도록 졸인다.
여기에 닭 육수를 넣고 뭉근히 오래 익힌다. 마지막에 송아지 정강이를 익히고 남은 소스를 조금 넣어 윤기나게 마무리한다.

3. 송아지 정강이 조리 완성하기

송아지 정강이를 소스 국물에서 건져낸 다음 뼈를 발라내고 힘줄을 제거한다. 차가운 상태에서 세로로 반을 자른 뒤 각각 3~4조각으로 어슷하게 썬다.
송아지 고기를 로스팅 팬에 놓고 익힌 국물을 조금 붓는다. 150~160℃ 오븐에 넣고 윤기나게 데운다.

4. 소스 완성하기

나머지 송아지 정강이 익힌 국물을 소스팬에 넣고 반으로 졸인다(필요한 경우 리에종을 하여 농도를 조절해도 된다). 원하는 농도와 진한 맛이 날 정도로 졸인 뒤 오븐에 데운 송아지 고기의 남은 소스를 넣어준다. 최종 간을 맞춘다.

Feuilleté printanier au beurre blanc

Jarret de veau aux morilles

Laitues braisées, pommes cocotte

Fromages

Nougatine glacée au miel

Puligny-Montrachet 1985 (J. Drouhin)
Château Gloria St-Julien 1982
Cuvée Grand Siècle Laurent Perrier

Déjeuner

offert par

Monsieur François Mitterrand
Président de la République

en l'honneur de

Monsieur et Madame Mikhaïl Gorbatchev

Samedi 29 Mai 1993

5. 플레이팅

송아지 정강이뼈를 깨끗이 닦고 소스를 발라 오븐에 살짝 구운 뒤 서빙 플레이트 위에 놓는다. 오븐에서 데워 윤기나는 송아지 고기를 주위에 빙 둘러 배치한다. 모렐버섯을 고루 얹는다. 소스를 조금 뿌린다. 나머지 소스는 용기에 담아 따로 서빙한다.

이 요리에는 삶은 프레시 파스타, 윤기나게 익힌 채소(당근, 줄기양파 등)를 곁들여 서빙한다.

_ 프랑수아 미테랑, 미하일 고르바초프를 맞이하다. 1993년 5월 29일.

엘리자베스 2세 여왕과 필립공 환영 코켈 오찬

Déjeuner offert en l'honneur de la reine Elizabeth II et du prince Philip à Coquelles

–

1994년 5월 6일

이날 미테랑 대통령과 영국 여왕은 영불 해저터널 완공식에 참석했다. 세기의 대공사라고 평가받은 이 '유럽의 찬가(hymne à l'Europe)'는 총 길이 50km에 이르는 긴 터널로, 이 중 38km는 해저로 이어져 있으며 아주 오랫동안 진행된 프로젝트이다(무려 2세기에 걸쳐 이루어졌다!). 드골 대통령의 기록물 안에서는 이에 관련한 수많은 계획서와 재정 평가서들을 발견할 수 있다. 여러 차례 연기되기도 했던 이 숙원사업은 프랑수아 미테랑 대통령이 1981년 정권을 잡은 뒤 본격적으로 공사에 박차를 가하게 되었다. 이것은 기술적 측면에서는 위대한 성공이었지만 경제적 측면에서의 성과는 그다지 좋지 못했다.

나폴레옹 3세의 이니셜 N이 새겨진 세브르(Sèvres) 도자기 '새' 시리즈 중 하나인 과일 서빙 그릇.

8인분
준비 : 30분
조리 : 10분

재료

수플레
- 달걀노른자 8개분
- 설탕 200g
- 물 70g
- 액상 생크림 500g
- 진(주니퍼베리 브랜디 genièvre de Houlle) 100g

와플 쿠키
- 달걀 3개
- 설탕 150g
- 밀가루 150g
- 버터 150g
- 바닐라 슈거 작은 봉지 1개분

데커레이션
- 생과일

진 수플레와 바삭한 와플

SOUFFLÉ GLACÉ AU GENIÈVRE DE HOULLE, ACCOMPAGNÉ DE GAUFRES SÈCHES

1. 수플레 혼합물 만들기

전동 스탠드 믹서 볼 안에 달걀노른자를 넣는다. 물과 설탕을 121℃까지 끓여 시럽을 만든다. 뜨거운 시럽을 달걀노른자에 붓고 빠른 속도로 거품기를 돌려 섞는다. 혼합물이 완전히 식을 때까지 계속 돌려 휘핑한다(혼합물의 부피가 2~3배로 늘어난다).
다른 볼에 생크림을 넣고 거품기를 돌려 휘핑한다.
첫 번째 혼합물에 진을 넣어준 다음 휘핑한 크림을 넣고 살살 섞어준다.
수플레용 틀 높이의 두 배가 되도록 유산지를 자른 뒤 안쪽 벽에 대어준다. 혼합물을 수플레 용기에 붓는다.

2. 와플 쿠키 만들기

볼에 설탕과 달걀을 넣고 거품기로 섞는다. 바닐라 슈거와 함께 체에 친 밀가루를 넣어준 다음 마지막에 녹인 버터를 넣고 잘 섞는다.
와플 프레스 기계에 혼합물을 조금 넣은 뒤 약 3~4분간 눌러 구워낸다.

3. 플레이팅

접시에 수플레를 놓고 와플 쿠키를 2~3개 곁들인다. 생과일을 얹어 장식해도 좋다.
나머지 와플 쿠키는 따로 용기에 담아낸다.

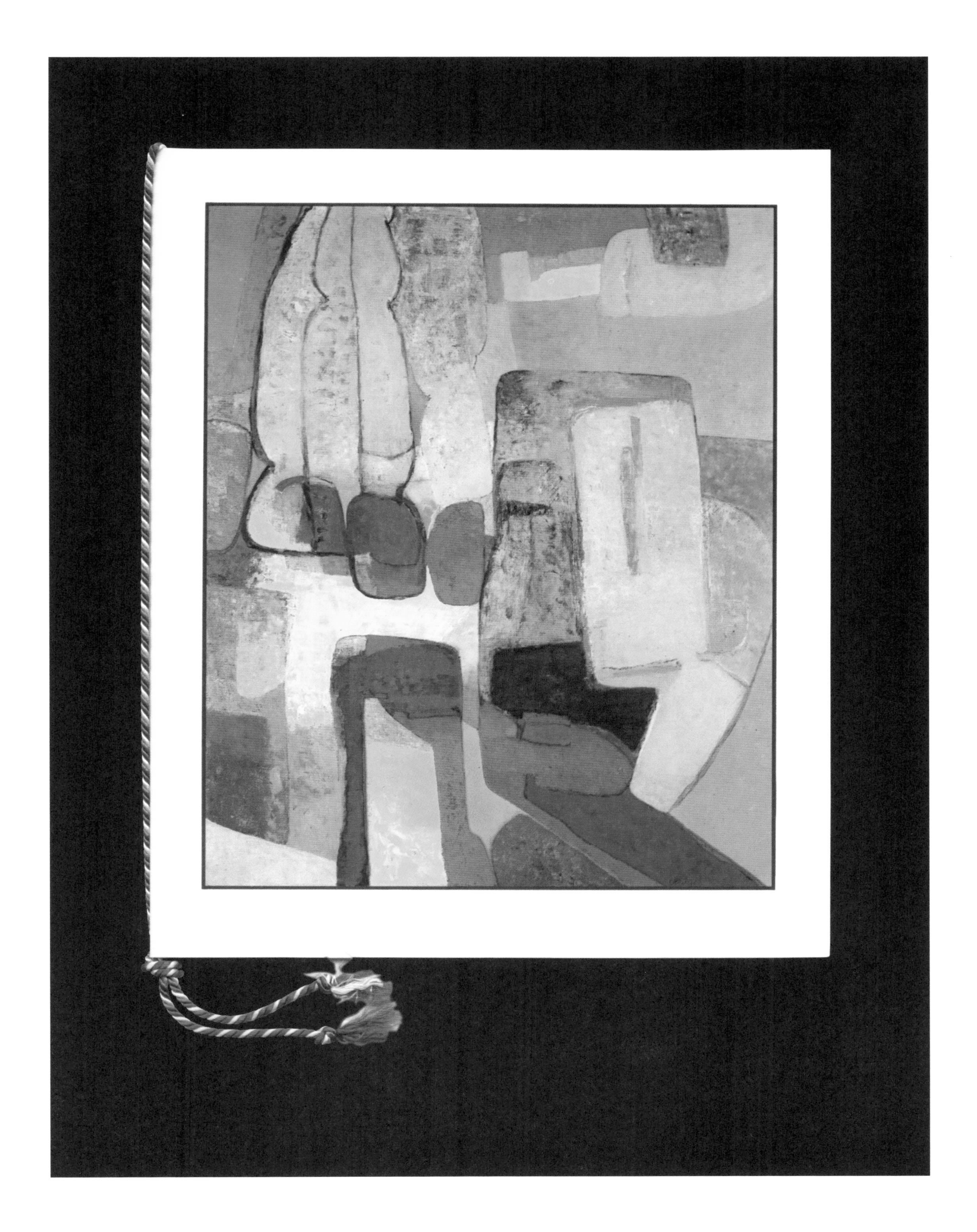

_ 엘리자베스 2세 여왕과 필립공 환영 코켈 오찬. 1994년 5월 6일.

RF
Mulhouse

프랑수아 미테랑과 헬무트 콜, 뮐루즈 회동

Rencontre entre François Mitterrand et Helmut Kohl à Mulhouse

–

1994년 5월 30일

이 만찬은 1994년 프-독 회담을 위한 헬무트 콜 수상의 방문 시 프랑스 대통령이 주최한 행사였다. 양국 정상은 1984년 9월 22일 베르덩(Verdun)의 두오몽(Douaumont) 봉안당 추모비 앞에서 손에 손을 잡고 함께 세계대전 참전용사들을 향해 경의를 표한 바 있다. TV에 생중계되었던 이 자연스럽고도 깊은 감동의 제스처는 프랑스와 독일의 화해의 상징이 되었다. 헬무트 콜 수상과 프랑수아 미테랑 대통령 사이에 맺어진 정치적 우정은 두 나라를 가깝게 하고 유럽 건설을 가속화하는 데 기여하면서 위대한 역사를 만들어나갔다. 1982년부터 1995년까지 13년 동안 이 두 정상은 독일과 프랑스에서 수차례의 회동을 가졌다.

8인분
준비 : 30분
냉장 휴지 : 12시간
냉동 휴지 : 2시간

재료

초콜릿 무스
- 다크초콜릿 (Guanaja 70%) 350g
- 액상 생크림 300g
- 달걀 7개
- 설탕 100g + 50g

트러플 초콜릿 봉봉
- 다크초콜릿 (Guanaja 70%) 175g
- 액상 생크림 125g
- 버터 20g
- 바닐라 빈 1줄기
- 무가당 코코아 가루 100g
- 피스타치오 가루 100g
- 무염 피스타치오 20개

초콜릿 무스와 피스타치오 초콜릿 봉봉

MOUSSE AU CHOCOLAT ET TRUFFE GLACÉE À LA PISTACHE

1. 무스 만들기

내열 유리볼에 초콜릿과 생크림을 넣고 중탕으로 녹인다. 크림과 초콜릿이 끓어오르면 안 되니 재료를 냄비에 넣어 직접 불에 가열하거나 전자레인지에 넣어 가열하지 않도록 주의한다. 다른 볼에 달걀흰자와 노른자를 분리한다. 달걀노른자 7개에 설탕 50g을 넣고 거품기로 저어 섞는다. 여기에 녹인 초콜릿과 생크림을 뜨거운 상태로 붓고 재빨리 거품기로 휘저어 섞는다. 이 과정에서 달걀노른자는 열 쇼크를 통하여 삭으면서 혼합된다.
달걀흰자는 너무 단단하지 않게 거품을 낸다. 설탕 100g을 조금씩 넣어 밀도를 높이며 계속 휘핑한다. 거품 올린 흰자의 반을 우선 혼합물에 넣고 재빨리 섞은 뒤 나머지 반을 넣고 알뜰주걱으로 살살 섞어준다. 서빙용 볼에 무스를 담는다.
초콜릿 무스를 조심스럽게 냉장고에 넣고 완전히 차가워질 때까지 볼을 움직이지 않는다. 냉장고에서 차가워지는 과정에서 기포가 발생하여 무스의 부드러운 식감을 만들어준다.
냉장고에 최소한 12시간 넣어둔다.

2. 트러플 초콜릿 봉봉 혼합물 만들기

생크림과 길게 갈라 긁은 바닐라 빈을 소스팬에 넣고 끓을 때까지 가열한다. 끓으면 바로 불에서 내린 뒤 그대로 15분간 향을 우려낸다.
향이 우러난 크림을 다시 뜨겁게 데운 뒤 바닐라 빈 줄기를 건져내고 잘게 썰어둔 초콜릿이 담긴 볼에 부어 잘 저어 녹인다. 따뜻한 온도로 식힌 뒤 작게 깍둑 썬 차가운 버터를 넣고 잘 섞는다. 혼합물을 완전히 식힌다.

3. 트러플 초콜릿 봉봉 만들기

식은 혼합물을 짤주머니에 넣고 지름 1.5cm의 일정한 굵기로 길게 짜 놓는다. 다시 냉장고에 넣어 차갑게 식힌 뒤 균일한 크기로 잘라준다. 트러플 봉봉의 무게와 크기가 일정하도록 주의한다.
잘라낸 조각을 하나씩 손에 놓고 피스타치오를 하나씩 박아넣은 뒤 손바닥으로 굴려 동그랗게 감싸준다. 모두 동그랗게 빚은 뒤, 반은 코코아가루에 나머지 반은 피스타치오 가루에 각각 굴려준다. 냉장고에 넣어 보관한다. 서빙하기 전 15분간 냉동실에 넣어둔다.

4. 플레이팅

초콜릿 무스에 트러플 초콜릿 봉봉과 프티푸르 과자를 곁들여 서빙한다.

엘리제궁 만찬에
참석한 콜 수상과
미테랑 대통령을
비롯한 양국 장관들

Petite mousse de homard au caviar

Cailles farcies aux truffes

Chartreuse de champignons

Fromages

Champenoise aux cassis confits

Montrachet Marquis de Laguiche (J. Drouin) 19

Château La Croix 1970

Dom Ruinart Rosé 1985

프랑수아 미테랑, 빌 클린턴 미합중국 대통령을 맞이하다

François Mitterrand reçoit Bill Clinton, président des États-Unis

–

1994년 6월 7일

1994년 6월 7일, 유쾌하고 편안한 모습의 프랑수아 미테랑과 웃음을 띤 미국 42대 대통령은 이날 저녁 프랑스 3대 주요 TV 방송사와 인터뷰를 가졌다. 1993년 1월 대통령직에 오른 빌 클린턴은 이 인터뷰에서 "매번 파리를 찾을 때마다 나는 행복하다. 그리고 어제 미테랑 대통령께서 훌륭한 연설을 하시는 것을 들으면서 나는 프랑스인들이 부러웠다."라고 말했다. 두 정상은 '더 강한 하나의 유럽'과 '세계 사회 질서의 발전을 위한 전투'에 의기투합하기로 약속했다. 클린턴 대통령은 '미국과 프랑스가 앞장서서 선도해 나갈 것'이라고 강조했다. 이어서 교향악과 협주곡 연주를 곁들인 엘리제궁에서의 만찬이 시작되었다.

8인분
준비 : 40분
조리 : 하루 전날 2시간, 당일 20분
냉장 휴지 : 2시간

재료
- 랍스터 암컷(각 600~700g) 4마리
- 프랑스산 캐비아 125g
- 생토마토 2kg
- 샬롯 3개
- 양파 1개
- 마늘 2통
- 꿀 30g
- 생고수 1/2단
- 생크림 200g
- 판 젤라틴 5장
- 마요네즈 80g
- 올리브오일
- 레몬 1개
- 소금, 에스플레트 고춧가루
- 부케가르니
- 식빵 슬라이스

소스
- 액상 생크림 400g
- 라임 2개
- 랍스터 비스크 (껍데기를 이용해 만든다) 200ml
- 랍스터 알
- 차이브
- 소금, 에스플레트 고춧가루

캐비아를 곁들인 랍스터 무스
PETITE MOUSSE DE HOMARD AU CAVIAR

1. 토마토 콩카세 만들기
하루 전, 샬롯과 양파의 껍질을 벗긴 뒤 잘게 썬다. 마늘을 다진다.
토마토를 씻은 뒤 끓는 물에 데쳐 껍질을 벗긴다. 속과 씨를 제거한 뒤 과육만 작게 깍둑 썬다. 속과 씨는 따로 보관했다가 다른 레시피에 활용한다.
오븐용 냄비에 올리브오일을 달군 뒤 샬롯, 양파, 마늘을 넣고 볶는다. 토마토를 넣고 꿀을 넣어 살짝 단맛을 더한다. 부케가르니를 넣은 뒤 유산지로 뚜껑을 만들어 덮는다(조리 중 수분이 어느 정도 증발할 수 있게 한다). 오븐에 넣어 2시간 동안 뭉근히 익힌다.

2. 랍스터 익히기
랍스터를 두 마리씩 머리와 꼬리가 엇갈리도록 모아놓고 익어도 곧은 상태를 유지할 수 있도록 실로 묶은 뒤 약 15~18분간 나주(nage : 물에 향신 재료를 넣은 익힘액)에 넣어 삶거나 증기로 찐다. 껍데기를 벗겨 몸통 살(테일)과 집게발 살을 발라낸다. 남은 껍데기와 대가리는 비스크 소스를 만드는 용도로 사용한다. 랍스터 알이 들어 있는 경우에는 따로 꺼내 보관한다.
랍스터 살을 2mm 두께로 얇게 슬라이스한다(테일 1개당 약 10조각 정도, 총 40조각). 조각마다 내장은 깔끔히 제거한다. 테일 끝 자투리와 다리 살, 집게발 살은 모두 잘게 썬다.

3. 무스 만들기
찬물을 담은 볼에 판 젤라틴을 넣어 부드럽게 불린다. 마요네즈를 만든 뒤 잘게 썬 고수와 레몬 제스트를 넣어 향을 더해준다. 여기에 잘게 썬 랍스터 살을 넣고 잘 섞는다. 냉장 보관한다. 생크림을 거품기로 휘핑한다.
볼에 토마토 콩카세 400g를 넣고 소금과 에스플레트 고춧가루로 간을 맞춘다. 불린 젤라틴을 작은 소스팬에 넣고 가열해 녹인 뒤 토마토 콩카세에 넣어준다. 여기에 휘핑한 크림을 넣고 주걱으로 살살 섞어준다.
지름 6cm 무스링을 인원수 만큼 준비한다. 토마토와 휘핑한 크림을 섞은 무스 혼합물을 틀 안에 반 정도 채워 넣는다. 마요네즈에 버무린 랍스터 살을 조금씩 중앙에 담고 다시 무스 혼합물로 덮어 채운다. 최소 2시간 동안 냉장고에 넣어둔다.

4. 소스 만들기

서빙 바로 전, 볼에 액상 생크림을 넣고 라임 2개의 제스트를 갈아 넣는다. 소금, 에스플레트 고춧가루로 간을 한 다음 라임즙 2개분을 넣고 잘 섞어준다. 크림은 바로 걸쭉한 농도가 된다. 너무 오래 휘저어 섞으면 버터가 될 수 있으니 주의한다. 익힌 랍스터의 알, 잘게 썬 차이브를 첨가한다. 비스크 소스를 조금씩 넣어가며 농도를 조절한다.

5. 플레이팅

식빵을 랍스터 무스 틀과 같은 사이즈로 잘라낸 뒤 굽는다. 랍스터 무스를 틀에서 꺼내 식빵 위에 얹어준다.

각 무스 위에 얇게 슬라이스한 랍스터 살을 조금씩 겹쳐가며 꽃모양으로 빙 둘러 올린다. 중앙에 프랑스산 캐비아를 15~18g씩 소복하게 얹어준다. 새콤한 라임 소스를 곁들여 서빙한다.

이 레시피에서는 프랑스식으로 큰 플레이트에 서빙하기에 적합하도록 식빵 크루통 위에 랍스터 무스를 얹어 플레이팅했다. 각자 접시에 플레이팅해 서빙할 경우, 식빵 크루통을 생략하면 좀 더 가벼운 애피타이저로 즐길 수 있다.

_ 프랑수아 미테랑, 빌 클린턴 미합중국 대통령을 맞이하다. 1994년 6월 7일.

MOLTENI
St UZE DROME

프랑수아 미테랑, 제8차 프랑스 스페인 정상회담에서 펠리페 곤살레스 대통령과 회동하다

François Mitterrand rencontre
le président du gouvernement espagnol, Felipe González,
à l'occasion du 8e sommet franco-espagnol, à Foix

–

1994년 10월 20일

오랜 우호 관계를 이어온 두 국가원수 간의 첫 번째 정상회담은 '밀월'로 평가되었다. 실제로 프랑수아 미테랑 대통령은 스페인 사회노동당(PSOE) 회의를 1974년 프랑스 쉬렌(Suresnes)에서 개최한 바 있으며 바로 이때 펠리페 곤살레스는 서기장이 되었다. 이어서 곤살레스는 오랜 정치 경력을 쌓았고 드디어 스페인 정부의 대통령이 되었다. 이 두 지도자는 프랑스 푸아(Foix)에서 열린 이 여덟 번째 정상회담에서 끈끈한 동반자로서 기쁜 마음으로 조우하게 되었다.

8인분

오리 가슴살 :
준비 : 45분
양념에 재우기 :
6시간
조리 : 10분

오리 다리 콩피 :
준비 : 15분
염지 : 24시간
조리 : 2시간 30분

재료
- 오리 가슴살 (magret) 4개
- 오리 다리 4개
- 굵은 소금 1kg
- 설탕 100g
- 굵게 부순 통후추 15g
- 각종 버섯 혼합 600g(뿔나팔버섯, 포르치니, 느타리, 지롤, 양송이버섯 등)
- 이탈리안 파슬리 1단
- 샬롯 2개
- 거위 기름 1kg
- 생무화과 8개
- 마늘 2톨
- 간장 150ml
- 타임, 월계수 잎
- 소금, 후추, 굵게 부순 통후추

소스
- 꿀 100g
- 카트르에피스 (quatre épices) 5g
- 바닐라빈 1/2줄기
- 마늘 1톨
- 샬롯 1개
- 생강 20g
- 발사믹 식초 50ml
- 오리 육즙 소스 (jus) 300ml
- 타임, 월계수 잎
- 소금, 후추

버섯을 곁들인 오리 다리 콩피와 가슴살

CONFIT DE CANARD ET MAGRET À LA FORESTIÈRE

1. 오리 다리 염지하기

오리 다리를 깨끗이 닦고 잔털이나 깃털 자국을 모두 제거한다. 넉넉한 사이즈의 용기에 오리 다리를 넣고 설탕, 굵직하게 부순 통후추로 문질러 준다. 특히 살 쪽에 양념을 넉넉히 문질러준다. 여분의 양념은 덜어내지 말고 그대로 오리 다리와 함께 용기에 남겨둔다.
용기 바닥에 굵은 소금의 1/3을 깔고 오리 다리의 살 쪽이 소금에 닿게 올려놓는다. 나머지 소금으로 덮어준다. 냉장고에 넣어 24시간 동안 염지한다.

2. 오리 다리 콩피하기

소금에 절인 오리 다리의 양념을 모두 훑어내고 찬물에 씻은 뒤 깨끗한 면포로 살짝 눌러 물기를 제거한다.
무쇠 냄비나 오븐용 우묵한 팬에 거위 기름을 넣고 데운다. 기름이 녹으면 마늘을 껍질째 넣고 타임과 월계수잎도 넣어준다. 기름 안에 오리 다리를 조심스럽게 넣은 뒤 150℃ 오븐에서 2시간 30분간 익힌다. 오리 다리가 기름 안에 잠긴 상태로 식힌다.

3. 오리 가슴살 양념에 재우기

마늘과 생강의 껍질을 벗긴다. 오리 가슴살의 기름을 어느 정도 제거한다. 기름을 너무 많이 잘라내지 않는다. 익히는 동안 기름층이 어느 정도 있어야 촉촉하게 살을 익힐 수 있다. 가슴살 양면에 마늘과 생강을 문질러 향을 입힌다. 굵게 부순 통후추를 넉넉히 뿌린 뒤 타임, 월계수 잎, 간장을 뿌린다. 적당한 크기의 용기 안에 오리 가슴살과 양념을 모두 담는다. 냉장고에 넣어 최소 6시간 재워둔다.

4. 소스 만들기

작은 소스팬에 꿀을 넣고 캐러멜색이 날 때까지 가열한다. 끓어오르기 시작하면 아주 짧은 시간 안에 갈색으로 변하므로 반드시 지켜보아야 한다. 꿀이 캐러멜 색이 나면 소스팬 바닥을 찬물에 몇 초간 담가 재빨리 식힌다. 카트르에피스와 바닐라를 넣어준다(너무 뜨거울 때 향신료를 넣으면 타서 소스에 쓴맛이 날 수 있으니 반드시 식힌 다음 넣어주는 게 중요하다).
발사믹 식초를 넣어 디글레이즈한 다음, 오리 가슴살 재웠던 양념, 마늘, 생강, 오리 육즙 소스를 넣어준다. 소스가 시럽 농도를 띨 때까지 졸인다. 이 작업은 약 15분가량 소요된다. 소스는 그 자체로 약간 걸쭉한 점성을 띠게 될 것이다. 만일 더 걸쭉한 농도를 원하면 옥수수 전분을 조금 넣어주면 된다.

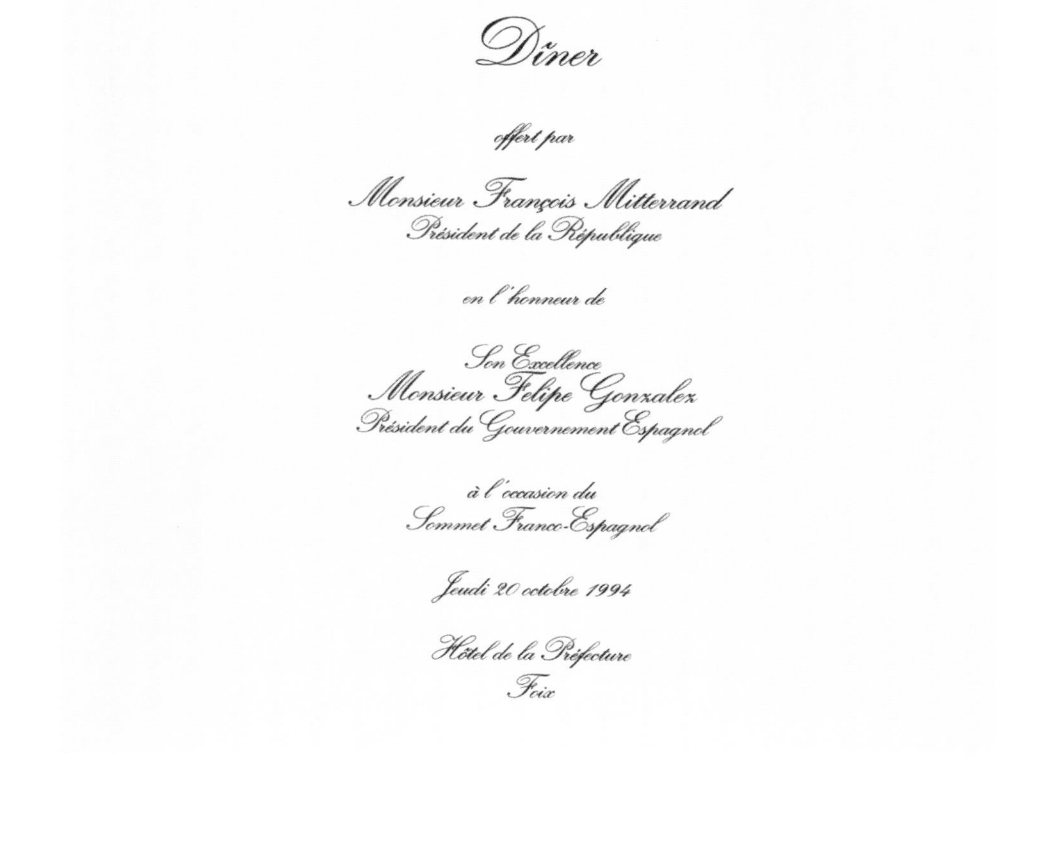

Dîner

offert par

Monsieur François Mitterrand
Président de la République

en l'honneur de

Son Excellence
Monsieur Felipe Gonzalez
Président du Gouvernement Espagnol

à l'occasion du
Sommet Franco-Espagnol

Jeudi 20 octobre 1994

Hôtel de la Préfecture
Foix

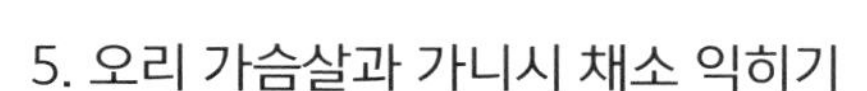

5. 오리 가슴살과 가니시 채소 익히기

무화과를 씻은 뒤 윗면에 십자로 칼집을 낸다.
샬롯의 껍질을 벗긴 뒤 잘게 썬다. 이탈리안 파슬리를 씻어서 잘게 썬다.
뜨거운 팬이나 바닥이 두꺼운 코코트 냄비에 양념에 재운 오리 가슴살을 기름 쪽이 바닥에 오도록 한 켜로 놓고 가열해 기름을 녹인다. 몇 초간 녹인 뒤 가슴살을 꺼내고 냄비 안의 기름을 제거한다. 이 작업을 여러 번 반복한다. 가슴살이 흥건한 기름 안에서 함께 끓지 않도록 하는 이 작업은 매우 중요하다. 또한, 살에 붙어 있는 기름을 최대한 녹여내고 껍질을 바삭하게 하는 데도 도움이 된다.
가슴살의 양면을 각각 몇 분간 익힌 뒤 서빙 전 오븐에 데워낼 수 있도록 오븐 용기에 담아둔다. 서빙 시 다시 데우기 최소 30분 전에는 이렇게 미리 익혀 놓아야 충분히 레스팅이 이루어져 맛과 촉촉함을 유지할 수 있게 된다.
마지막에 데울 때 무화과를 함께 넣어 살짝 익혀준다.
오리 가슴살을 익힌 팬에 남은 기름에 버섯과 샬롯을 넣고 센 불에서 볶아낸다. 간을 맞춘 뒤 마지막에 이탈리안 파슬리를 넣어준다.

6. 오리 다리 콩피 바삭하게 마무리하기

오리 다리가 식은 뒤 관절 부분을 잘라 총 8조각으로 만든다. 뜨거운 팬이나 바닥에 두꺼운 냄비에 오리 콩피를 껍질 쪽이 바닥에 오도록 한 켜로 놓고 바삭하게 익힌다.
이어서 오븐 용기에 다리 콩피를 놓고 오븐 브로일러에 넣어 마무리한다. 표면이 너무 마르지 않도록 주의한다.

7. 플레이팅

오리 가슴살에 무화과를 넣고 오븐에서 몇 분간 데운다. 오리 다리 콩피도 데워준다.
오리 가슴살을 길이로 이등분한다. 소스를 데운 뒤 체에 거른다.
서빙 플레이트에 버섯을 둥그렇게 담고 그 위에 오리 가슴살을 얹어 육즙이 접시 위로 흐르지 않고 버섯으로 스며들도록 한다. 오리 다리 콩피를 주위에 빙 둘러놓는다. 넓적다리와 드럼 스틱 부분을 교대로 놓고 사이사이 무화과를 배치한다.
소스는 용기에 따로 담아 서빙한다.

_ 프랑수아 미테랑, 제8차 프랑스 스페인 정상회담에서 스페인 펠리페 곤살레스 대통령과 회동하다. 1994년 10월 20일.

자크 시라크, 엘리자베스 2세 여왕과 필립공을 런던에서 맞이하다

Jacques Chirac reçoit la reine Elizabeth II
et le prince Philip à Londres

–

1996년 5월 16일

자크 시라크 프랑스 대통령은 영국을 국빈 방문하여 존 메이저 총리와 회동했다. 이어서 국회 의사당인 웨스트민스터궁에 집결한 양원 의원들 앞에서서 '강하고 영향력 있는 유럽은 대영제국이 강력하게 목소리를 내는 유럽'이라고 강조하며 연설했고 의원들에게 '유럽 통합 구상은 정신과 마음속에 뿌리내리고 있다'라고 상기시켰다. 또한, 갈라 디너에서도 그는 '프랑스와 영국의 우정은 유럽 건설의 초석이 되어야 할 것'이라고 강조하는 것을 잊지 않았다. 한편, 이 회동은 당시 유럽 통합의 주요 쟁점이었던 영국의 유럽 단일 통화 계획 거부를 지적하는 계기가 되었다.

베르메이 소재로 된 설탕 뿌리기용 스푼. 메종 크리스토플 루이 15세 시리즈.

6/8인분
준비 : 30분
조리 : 20분

재료

슈 반죽
- 우유 250g
- 버터 100g
- 소금 3g
- 체에 친 밀가루 150g
- 달걀 250g

프랄리네 아이스크림
- 우유 1300g
- 우유 분말 48g
- 설탕 100g
- 글루코스 분말 120g
- 안정제 8g
- 헤이즐넛 프랄리네 스프레드 400g

크라클랭
- 버터 300g
- 비정제 황설탕 360g
- 밀가루 360g

데커레이션
- 속껍질을 벗긴 헤이즐넛
- 라즈베리 2팩
- 블랙베리 1팩

헤이즐넛 아이스크림 크라클랭 슈

CRAQUELIN GLACÉ AUX NOISETTES

1. 프랄리네 아이스크림 만들기

소스팬에 우유와 우유 분말을 넣고 가열한다. 약 30℃가 되면 설탕과 글루코스 분말을 넣는다(설탕의 10%는 안정제 혼합용으로 남겨둔다). 50℃에 달하면 헤이즐넛 프랄리네 스프레드를 넣고 잘 섞어준다. 이어서 안정제와 설탕 혼합물을 넣어준다. 85℃까지 가열한 다음 재빨리 식힌다. 냉장고에 넣어 숙성한다. 아이스크림 메이커에 넣어 돌린다.

2. 크라클랭 만들기

전동 스탠드 믹서 볼에 재료를 모두 넣고 플랫비터를 돌려 섞는다. 혼합물을 덜어내 2mm 두께로 얇게 민 다음 냉동실에 보관한다.

3. 슈 반죽 만들기

소스팬에 우유, 버터, 소금을 넣고 가열한다. 끓기 시작하면 불에서 내린 뒤 밀가루를 한 번에 넣는다. 다시 불에 올리고 주걱으로 세게 저으며 수분을 날린다. 혼합물을 볼에 덜어낸다.

달걀을 한 개씩 넣어가며 잘 섞어 균일한 질감의 반죽을 만든다.

오븐팬에 유산지를 깐 다음 짤주머니를 이용해 작은 크기의 슈를 짜 놓는다. 크라클랭을 같은 크기의 원형으로 잘라 각 슈마다 한 개씩 얹어준다. 200℃ 오븐에서 20분간 굽는다. 오븐팬에서 꺼낸 다음 식힌다.

4. 조립하기

슈의 위 표면에서 1/4되는 지점을 가로로 잘라 연 다음 프랄리네 아이스크림을 짤주머니로 짜 채워 넣는다. 다시 뚜껑을 덮어준다. 슈거파우더를 뿌려 완성한다.

Dîner

offert en l'honneur de

Sa Majesté la Reine Elizabeth II

et de

Son Altesse Royale

le Prince Philip, Duc d'Edimbourg

par

Monsieur le Président de la République

et Madame Jacques Chirac

Jeudi 16 Mai 1996

_ 자크 시라크, 엘리자베스 2세 여왕과 필립공을 런던에서 맞이하다. 1996년 5월 16일.

Edgar Degas (1834-1917)

Musée du Louvre

Résidence de France

Amman

자크 시라크, 후세인 요르단 국왕을 암만에서 맞이하다

Jacques Chirac reçoit Hussein de Jordanie à Amman

–

1996년 10월 24일

자크 시라크 프랑스 대통령은 이번 요르단 방문 중 국회에서 특히 프랑스에서 행해지고 있는 정교분리원칙에 대한 의견을 피력했다. "정교분리원칙을 지키고 있는 공화국 프랑스, 인권 선언의 나라 프랑스는 그 어떤 파의 종교에도 공식 지위를 부여하지 않는다." 시라크 대통령은 또한 톨레랑스와 평화를 적극 지향하는 프랑스에서 '양심, 신앙, 예배 의식의 완전한 자유를 누리고 있는 회교도들'에 대해 신중히 선택된 단어들을 사용해 언급했다. 프랑스 대통령이 후세인 요르단 국왕을 위해 주최한 이 오찬 회동은 프랑스 대사관에서 이루어졌다.

8인분
준비 : 35분
조리 : 10분

재료
- 브릭 페이스트리 시트 16장
- 닭 근위 콩피 400g
- 오리 다리 콩피 3개
- 훈제 오리 가슴살 얇은 슬라이스 16장
- 한 번 익힌 오리 푸아그라 슬라이스 8장
- 메추리알 32개
- 익힌 송로버섯(각 25g) 2개
- 각종 제철 버섯 (양송이, 포르치니, 느타리, 모렐, 뿔나팔버섯 등) 400g
- 이탈리안 파슬리 1단
- 차이브 1단
- 샬롯 6개
- 달걀노른자 2개분
- 샐러드용 잎채소 믹스 큰 볼 한 개 분량
- 헤이즐넛 오일 400ml
- 포도씨유 250ml
- 올드 빈티지와인 식초 200ml
- 레드 포트와인 (épine 또는 vin cuit) 200ml
- 오리 또는 닭 육즙 소스 200ml
- 송로버섯즙 200ml
- 소금, 후추

메추리알을 넣은 랑드식 샐러드

SALADE LANDAISE AUX ŒUFS DE CAILLES

1. 재료 준비하기

닭 근위를 살짝 데워 기름을 제거한 다음 얄팍하게 썬다.
오리 다리 콩피를 살짝 데워 기름을 뺀 다음 껍질을 벗긴다. 핏줄을 모두 제거하고 살을 잘게 뜯어놓는다.
송로버섯을 만돌린 슬라이서로 얇게 저며 24장을 준비한다. 나머지 자투리는 잘게 다져 비네그레트 드레싱용으로 사용한다.
종이타월로 버섯을 깨끗이 닦고 재빨리 씻은 뒤 적당한 크기로 썬다.
샬롯의 껍질을 벗긴 뒤 잘게 썬다.
차이브와 이탈리안 파슬리를 잘게 썬다.
샐러드용 잎채소를 깨끗이 씻는다.
메추리알을 깨트려 볼에 담아놓는다.

2. 비네그레트 드레싱 만들기

소스팬에 잘게 썬 샬롯 분량의 반과 포트와인(또는 cooked wine)을 넣고 수분이 없어질 때까지 졸인다. 오리 육즙 소스를 넣고 다시 끓을 때까지 가열한다. 반으로 졸아들면 샬롯 건더기와 함께 볼에 덜어낸 다음 발사믹 식초, 소금, 후추를 넣어준다. 헤이즐넛 오일과 포도씨유를 넣고 거품기로 세게 휘저어 유화한다. 이어서 와인 식초와 송로버섯즙 분량의 반을 넣어준다. 마지막 간을 맞춘다.

3. 크루통 만들기, 메추리알 익히기

냄비에 물을 넣은 뒤 소금을 넣지 않고 끓인다. 거품기로 휘저어 회오리를 일으킨다. 물회오리가 거의 멈출 때쯤 메추리알을 조심스럽게 넣어준다. 회오리의 원심력에 의해 메추리알들이 자연스럽게 흩어진다. 물회오리가 너무 강하게 돌면 노른자만 남을 수 있으니 주의한다. 메추리알 수란을 약 3분간 익힌 뒤 얼음물에 넣어 식힌다. 노른자는 흐르는 농도로 남아 있어야 한다.
달걀노른자 2개분에 물을 한 방울 넣어 달걀물을 만든다. 브릭 페이스트리 시트에 달걀물을 발라 두 장씩 붙인다. 지름 15cm 원형 커터로 동그랗게 도려낸다.
개인용 브리오슈 작은 틀 두 개 사이에 브릭 페이스트리를 넣고 바삭하게 구워 셸을 만든다.

Salade Landaise aux oeufs de caille pochés

Coquelet caramélisé au miel d'oranger

Etuvée de carottes et haricots verts

Fromages

Biscuit glacé pistache-chocolat

Jus de fruits frais

Corton-Charlemagne Grand Cru 1990 (Bouchard Père et Fils)

Château Cheval Blanc 1er Grand Cru Classé 1986

Champagne Louise Pommery 1988

4. 버섯 익히기

팬에 기름을 조금 달군 뒤 버섯을 넣고 센 불에서 볶는다. 나머지 샬롯과 이탈리안 파슬리를 넣어 준다. 버섯이 익으면 덜어낸 다음 남은 송로버섯즙(50ml)을 넣고 잘 섞는다.

5. 플레이팅

닭 근위와 오리 다리 콩피에 약간의 비네그레트 소스와 남은 송로버섯즙을 넣고 따뜻하게 살짝 데운다.

서빙 바로 전 바삭하게 구운 크리스피 브릭 페이스트리 안에 버섯 샐러드를 깔고 그 위에 닭 근위, 오리 다리 콩피살, 푸아그라 슬라이스 2장, 돌돌 만 훈제 오리 가슴살 슬라이스 2장, 송로버섯 슬라이스 3장, 비네그레트를 슬쩍 묻힌 메추리알 수란 3개씩을 올린다. 크리스피 브릭 페이스트리를 모두 채운 다음 송로버섯 향의 비네그레트를 조금씩 뿌리고 잘게 썬 차이브를 얹어준다.

가볍게 드레싱한 잎채소 샐러드는 따로 서빙한다.

바삭하게 구운 브릭 페이스트리 셸 안에 재료를 채워 내는 플레이팅은 손님이 직접 서빙 플레이트에서 하나씩 집어 각자의 접시로 옮겨 담는 프랑스식 서빙에 적합한 방식이다.
개인 서빙용 접시에 각각 플레이팅하는 경우에는 이 크리스피 페이스트리 셸을 생략해도 좋다.

_ 자크 시라크, 후세인 요르단 국왕을 암만에서 맞이하다. 1996년 10월 24일.

자크 시라크, 하산 2세 모로코 국왕을 맞이하다

Jacques Chirac reçoit Hassan II, roi du Maroc

–

1996년 5월 7일

1985년 이후 모로코 통치자의 첫 번째 방문이었다. 두 정상은 상대국을 높이 평가했다. 실제로 자크 시라크가 프랑스 대통령으로 선출된 이후 첫 번째 해외 순방국이 모로코였다. 모로코 국왕의 이번 방문 목적은 주로 경제에 관련된 사항들이었고 이는 만찬 전 진행된 한 시간 동안의 단독회담 의제이기도 했다. 하산 2세 국왕은 또한 '양국의 우정이 두 나라와 국민들 간 관계의 오랜 기반을 공고히 하는 데 기여할 것'이라고 강조했다.

엘리제궁 계단에 서 있는 연회복 차림의 자크 시라크 대통령

6인분
준비 : 15분
조리 : 20분

재료
- 당근 4개
- 순무 2개
- 셀러리악 1/2개
- 양파 1개
- 리크 2대
- 감자 1개
- 껍질 제거한 훈제 베이컨 200g
- 버터 40g
- 맑은 콩소메 2리터
- 달걀노른자 3개
- 생크림 50g
- 식빵 슬라이스 (두께 2mm) 4장
- 정제 버터 50g
- 소금, 후추

옛날식 블루테 수프
VELOUTÉ À L'ANCIENNE

1. 재료 준비하기
베이컨을 라르동 사이즈로 썬다.
채소의 껍질을 벗긴다. 당근과 순무, 리크 흰 부분, 셀러리악을 잘게 썬다. 감자는 굵직하게 깍둑 썰어 찬물에 담가둔다.
양파를 잘게 썬다.
식빵을 잘게 깍둑 썬 다음 정제 버터를 달군 팬에 슬쩍 한 번 굽듯이 볶는다. 또는 오븐에 잠깐 넣어 노릇하게 굽는다.

2. 조리하기
적당한 크기의 소스팬에 버터와 베이컨 라르동을 넣고 색이 나지 않게 볶는다. 잘게 썬 양파와 송송 썬 리크를 넣어준다.
색이 나지 않고 재료가 잘 익도록 하려면 중간중간 뚜껑을 덮어주는 것이 좋다. 타지 않도록 잘 지켜보아야 한다.
이어서 당근과 셀러리악을 넣고 마찬가지 방법으로 함께 익힌다. 채소가 어느 정도 익으면 순무와 감자를 넣고 콩소메 또는 물을 부어 국물을 잡는다. 소금 간을 살짝 한 다음 30~40분 정도 끓인다.
재료가 푹 익으면 블렌더로 간 다음 고운 체에 거른다. 수프가 너무 걸쭉하면 안 된다.

3. 플레이팅
수프에 간을 맞춘 뒤 달걀노른자와 생크림 혼합물을 넣고 불에서 내린 상태로 잘 저어 농도를 맞춘다. 리에종을 할 때 달걀이 익어 뭉칠 수 있으니 불 위에서 끓지 않도록 주의한다.
서빙할 때 식빵 크루통을 얹어준다.
기호에 따라 가늘게 간 그뤼예르 치즈를 곁들여도 좋다.

Dîner

offert en l'honneur de

Sa Majesté Hassan II
Roi du Maroc

par

Monsieur le Président de la République
et Madame Jacques Chirac

Mardi 7 Mai 1996

_ 자크 시라크, 하산 2세 모로코 국왕을 맞이하다. 1996년 5월 7일.

8인분
준비 : 1시간 45분
조리 : 40분

재료
- 대문짝넙치(4kg 짜리) 1마리
- 서대 필레 8장
- 생크림 250ml
- 레몬 1개
- 처빌 1단
- 샬롯 250g
- 화이트와인 1리터
- 타임 1줄기
- 월계수 잎 1장
- 판 젤라틴 4장
- 달걀 2개
- 머스터드 15g
- 포도씨유 150g
- 맑은 즐레 20g
- 차이브 1/2단
- 당근 1개
- 주키니호박 1개
- 작은 토마토 (각 30g) 8개
- 셀러리악 1/4개
- 달걀 4개
- 연어알 100g

'플로랄리' 차가운 대문짝넙치

TURBOT FROID ≪FLORALIE≫

1. 생선 준비하기

생선을 씻은 뒤 필레를 떠 냉장고에 보관한다. 남은 가시 뼈는 잘게 자른 뒤 찬물에 담가 피를 뺀다.
서대 필레를 깨끗이 닦아 작게 썬 다음 생크림과 처빌을 넣고 블렌더로 간다. 볼에 덜어낸 다음 냉장고에 보관한다.

2. 첫 번째 가니시 만들기

달걀 4개를 10분간 삶아 찬물에 식힌 뒤 껍질을 깐다. 반으로 잘라 흰자와 노른자를 분리한 다음 냉장고에 보관한다.
마요네즈를 만든다. 우선 볼에 머스터드와 날달걀노른자(냉장고에서 미리 꺼내둔다) 2개분을 넣고 소금을 조금 넣는다. 여기에 포도씨유를 넣으며 잘 섞어준다.
냉장고에서 달걀흰자를 꺼낸 뒤 연어알을 채운다. 삶은 달걀노른자를 갈아 얹는다. 딜을 조금 잘라 얹어 장식한다.

3. 대문짝넙치 조립하기

대문짝넙치 필레를 납작하게 놓고 간을 한다. 살 쪽에 갈아놓은 서대 살을 펴 바른 다음 나머지 필레로 덮어 원래 생선 모양으로 재조립한다. 그 위에 서대 살 소를 덮어준 다음 미리 버터를 발라둔 랩으로 잘 싸준다.
대문짝넙치 필레와 생선 육수를 오븐 용기에 넣고 오븐에서 25분간 익힌다. 식힌다.
생선이 익는 동안 차이브를 끓는 물에 살짝 데쳐낸다.
당근을 가늘게 채썬다. 나머지 당근, 셀러리악을 모양 커터로 찍어내 장식용 재료를 만든다.
마요네즈를 일부 덜어낸 다음 생선 육수를 넣어 풀어준다. 여기에 미리 찬물에 넣어 불려두었던 판 젤라틴을 꼭 짜 넣는다. 간을 맞춘 뒤 레몬 제스트를 갈아 넣어준다.
대문짝넙치가 식으면 이 마요네즈 소스를 발라 씌운다. 필요하면 이 글레이징 작업을 한 번 더 반복한다.
차이브와 모양내어 잘라둔 데커레이션용 채소로 생선을 장식한다(예를 들어 꽃다발 모양 등).
장식용 채소를 투명 즐레에 담갔다 표면에 붙여준다. 장식이 끝나면 투명 즐레로 생선 표면 전체를 한 켜 발라 덮어준다.

L'Orchestre à Cordes
de la
Garde Républicaine
dirigé par
le Colonel Roger Boutry
1er Grand Prix de Rome
interprètera

Symphonie n° 8 en Ut Majeur	J. B. Lully
Première Suite des Indes Galantes	J. P. Rameau
Sinfonia n° 5 en Ré	T. Albinoni
Petite Musique de Nuit	W. A. Mozart
Symphonies pour les Soupers du Roy (deuxième caprice)	M. R. Delalande
Suite n° 1	J. M. Mondonville
Suite pour Orchestre à Cordes "Extraits de semelé"	Marin - Marais

Velouté à l'ancienne
Turbot froid Floralie
Baron de Pauillac braisé Argenteuil
Petits pois à la française aux carottes fane
Fromages
Impérial chocolat aux fruits rouges

Jus de fruits
Montrachet "Marquis de Laguiche" (J. Drouhin) 1989
Château La Mission Haut Brion 1983
Dom Ruinart 1988

4. 두 번째 가시니 만들기

끓는 물에 토마토를 잠깐 데쳐 찬물에 식힌 뒤 껍질을 벗긴다. 토마토 윗부분을 뚜껑처럼 가로로 잘라낸 다음 속을 파낸다. 소금을 살짝 뿌린 다음 종이타월 위에 엎어 놓는다.

나머지 당근과 셀러리악을 작은 주사위 모양으로 썬 다음 끓는 소금물에 익혀낸다. 건져서 찬물에 식힌 뒤 마요네즈를 조금 넣어 섞어준다.

이 샐러드를 토마토 안에 채워 넣은 뒤 잘라둔 뚜껑을 덮고 냉장고에 보관한다.

5. 소스 만들기

달걀흰자를 거품기로 휘저어 거품을 올린다(마요네즈용으로 노른자를 사용하고 남은 흰자를 사용한다). 마요네즈에 거품 낸 달걀흰자와 레몬즙을 넣어 섞는다. 간을 맞춘 뒤 잘게 다진 허브를 넣어준다.

6. 플레이팅

타원형 접시 중앙에 대문짝넙치를 놓고 가니시를 양쪽에 고루 배치한다. 소스는 용기에 담아 따로 서빙한다.

_ 자크 시라크, 하산 2세 모로코 국왕을 맞이하다. 1996년 5월 7일.

프랑스 - 독일 정상회담

Sommet franco-allemand

–

1999년 11월 30일

양국 간의 상호 협력은 자크 시라크 대통령에게도, 게르하르트 슈뢰더 수상에게도 유럽연합 건설의 전진을 위한 중요한 요소 중 하나였다. 이것은 프-독 정상회담을 마치면서 당시 프랑스 동거 정부의 총리였던 리오넬 조스팽과 함께 기자 회견에서 양국 정상이 언급한 내용이기도 하다. 두 정상의 목표와 수단이 서로 모순되는 것처럼 보이는 면도 있지만, 그들은 의견의 일치는 물론 효과적이고도 실패 없는 협력에 대한 의지를 천명했다. 슈뢰더 독일 수상은 프랑스 국회 연설을 통해 이러한 의지를 표명했다. 독일 수상이 프랑스 의회에서 연설한 것은 처음 있는 일이었으며 이는 큰 반향을 일으켰다. 그의 연설은 엘리제궁에서 있었던 공식 오찬에 이어 진행되었다.

page 138~139 : 바카라 글라스, 트리아농(Trianon) 시리즈 1960, 쥐비지 (Juvisy) 시리즈 1897.
page 140 : 요리 중인 파스칼 다유(Pascal Dayou) 조리장.

8인분
준비 : 30분
(푸아그라 만드는 시간 제외)
조리 : 3시간
마리네이드 : 6시간
휴지 : 6시간

재료
- 소 볼살 큰 것 2덩어리
- 익힌 오리 푸아그라(p.19 레시피 참조) 300g
- 훈제 푸아그라 슬라이스 8조각
- 모양이 곧은 당근 4개
- 길쭉한 모양의 샬롯(cuisse de poulet) 6개
- 양송이버섯 5개
- 마늘 3톨
- 양파 2개
- 셀러리 1줄기
- 토마토 1kg
- 훈제 베이컨 150g
- 레드와인(Cornas) 1병
- 판 젤라틴 20g(10장)
- 소고기 육수 또는 채소 육수 1리터
- 타임, 월계수 잎
- 소금, 후추

오리 푸아그라를 넣은 소 볼살 테린
PRESSÉE DE JOUE DE BŒUF AUX FOIES GRAS DE CANARD

1. 소 볼살 양념에 재우기
채소를 모두 씻어서 껍질을 벗긴다. 토마토는 끓는 물에 살짝 데쳐 껍질을 벗겨둔다. 당근과 버섯은 미르푸아로 깍둑 썬다.
샬롯과 양파를 잘게 썬다. 마늘을 다진다.
소 볼살을 깨끗이 닦은 뒤 조리용 실로 묶는다.
마리네이드용 재료를 익혀 준비한다. 이렇게 마리네이드 재료를 미리 익혀 재우면 고기에 맛이 더욱 빨리 배어든다. 소 볼살에 간을 한 뒤 뜨겁게 달군 팬에 넣고 센 불에서 지져 노릇하게 색을 낸다. 토마토를 제외한 가니시 재료를 넣고 색이 나도록 볶은 뒤 와인을 조금 넣어 디글레이즈한다. 모두 용기에 넣은 뒤 나머지 와인을 붓고 허브를 넣어준다. 냉장고에 넣어 6시간 동안 재운다.

2. 소 볼살 익히기
재운 고기와 채소 가니시를 건져낸다.
채소를 다시 냄비에 넣고 색이 나게 익힌 다음 그 위에 고깃덩어리를 모두 넣어준다. 재료를 재워두었던 레드와인 분량의 반을 넣고 끓인다. 거품과 불순물을 걷어가며 와인이 반으로 졸아들 때까지 끓인다. 나머지 반의 와인을 모두 넣고 다시 같은 작업을 반복한다.
토마토를 넣은 뒤 육수 또는 물을 재료 높이까지 넣어준다.
뚜껑을 덮고 200℃ 오븐에 넣어 최소 2시간 30분간 익힌다.

3. 테린 만들기
판 젤라틴을 찬물에 담가 부드럽게 풀어준다. 고기를 소스 안에 둔 채로 잠깐 식힌다. 고기 건더기와 채소를 건져낸 다음 소스를 체에 걸러 볼에 담는다. 불린 젤라틴을 꼭 짜서 소스에 넣고 잘 녹여 섞는다.
소 볼살을 굵직하게 썬다.
테린 용기에 소 볼살, 채소, 푸아그라를 고루 배치하며 조심스럽게 채워 넣는다. 테린을 잘랐을 때 슬라이스 단면에 내용물이 전부 보일 수 있도록 재료를 고루 배치하는 것이 중요하다. 맨 위에 레드와인 소스를 붓고 냉장고에 최소 6시간 동안 넣어둔다.

Pressée de joue de bœuf aux foies de canar

Jambon de Prague braisé à la bière

Flan de pommes à la niçoise

Fromages

Délice aux marrons

Chassagne-Montrachet 1er Cru La Roquemaure 1993
Clos des Lambrays Grand Cru 1990
Champagne Dom Ruinart 1990

4. 플레이팅

테린 용기 바닥을 더운물에 살짝 담갔다 뺀 다음 테린을 틀에서 분리한다. 도톰한 두께로 슬라이스하여 서빙 플레이트에 담는다. 훈제 푸아그라를 얇게 슬라이스해 테린 조각 사이사이에 끼워 놓는다.

따뜻한 빵 토스트를 곁들여 서빙한다. 머스터드 향이 강한 마요네즈에 소고기 육수를 조금 넣어 크림 농도로 희석한 소스를 함께 내어도 좋다.

훈제 푸아그라는 소테른 즐레 푸아그라(p.19 레시피 참조)와 같은 방법으로 만든다. 단 핏줄을 제거한 푸아그라 덩어리를 10분간 훈연해 사용한다. 훈연기가 없으면 차가운 냄비와 뚜껑이 있으면 된다. 바싹 마른 타임 줄기를 이용해 훈연할 수 있다.

_ 프랑스-독일 정상회담, 1999년 11월 30일.

자크 시라크,
압델아지즈 부테플리카
알제리 대통령을 맞이하다

Jacques Chirac reçoit
Abdelaziz Bouteflika

–

2000년 6월 14일

알제리 인민민주공화국의 압델아지즈 부테플리카 대통령은 이 방문 기간 중 프랑스 국회에서 연설하는 기회를 가졌다. 정복을 착용한 공화국 경호대의 호위를 받으며 국회에 입장한 그는 두 나라 간의 더욱 발전된 경제 협력을 촉구하였고 양국의 재회에 대해 언급하며 40분간 연설했다. 이후 엘리제궁에서 이어진 만찬에서는 특별히 알제리 출신 프랑스 유명가수인 앙리코 마시아스도 참석해 자리를 빛냈다. 이 회동에 이어 시라크 대통령은 2003년 2월 알제리를 3일간의 일정으로 국빈 방문했다. 이는 1962년 알제리 독립 이후 최초로 이루어진 프랑스 대통령의 방문이었다.

8인분
준비 : 40분
마리네이드 : 24시간

재료
- 완숙 토마토 1kg
- 오이 1개
- 홍피망 2개
- 굵은 소금 25g
- 설탕 25g
- 토마토 페이스트 50g
- 셰리와인 식초 35g
- 올리브오일 20g
- 마늘 2톨
- 바질 1줄기
- 물 1.5리터
- 에스플레트 고춧가루

Dîner
offert
en l'honneur de
Son Excellence Monsieur Abdelaziz Bouteflika
Président de la République Algérienne
Démocratique et Populaire
par
Monsieur le Président de la République
et Madame Jacques Chirac
Mercredi 14 Juin 2000

가스파초
GASPACHO

1. 채소 준비하기
토마토를 씻어 꼭지를 딴 다음 8등분으로 자른다.
피망과 오이를 씻어 껍질을 벗긴 다음 굵직하게 깍둑 썬다.
채소를 모두 용기에 넣고 굵은 소금, 설탕, 토마토 페이스트, 셰리와인 식초, 올리브오일, 소량의 에스플레트 고춧가루를 넣어준다. 랩을 씌워 냉장고에 넣어둔다.
마늘은 납작하게 짓이기고 바질은 잘게 썬다. 물 1.5리터에 마늘과 바질을 넣은 뒤 다음 날까지 냉장고에 보관한다.

2. 가스파초 만들기
마늘과 바질로 향을 낸 물을 체에 걸러 양념에 재워둔 채소 볼에 부어준다. 이어서 재료를 모두 체에 걸러 국물을 따로 받아놓는다.
국물을 걸러낸 채소를 블렌더로 갈아준다. 굵은 체에 한 번 더 거른 뒤 받아놓은 국물을 넣어 섞어준다.
처음부터 모든 채소와 국물을 함께 블렌더로 갈면 가스파초가 허옇게 될 수 있으니 주의한다. 채소를 먼저 갈고 그다음에 즙을 넣어 합하면 채소의 붉은색을 잘 살릴 수 있다.

3. 플레이팅
기호에 따라 간을 맞춘 뒤 차갑게 서빙한다.
바삭한 식감의 가니시를 곁들이기 위해 슈 반죽으로 콩알만 한 미니 슈를 만들어 따로 서빙한다.

8인분
준비 : 50분
조리 : 30분

재료
- 중간 크기 아티초크 8개
- 중간 크기 당근 6개
- 황색 둥근 순무 (boule d'or) 8개
- 콜리플라워 1개
- 깍지 깐 완두콩 400g
- 그린빈스 300g
- 샬롯 1개
- 레몬 1개
- 닭 육수 또는 채소 육수 500ml
- 버터 60g
- 홀란데이즈 소스 250ml
- 올리브오일
- 소금, 후추

Gaspacho

Queues d'écrevisses printanière en verdure

Baron d'agneau aux deux cuissons

Bouquetière de légumes

Fromages

Délice chocolat au thé à la mûre

Jus de fruits
Chassagne Montrachet 1er Cru Reguemaure 1996
Château Talbot 1988
Taittinger Comtes de Champagne 1990

채소 모둠

BOUQUETIÈRE DE LÉGUMES

1. 재료 준비하기

샬롯의 껍질을 벗긴 뒤 잘게 썬다.
아티초크의 껍질을 벗긴 뒤 속살만 다듬어 지름 8~10cm로 돌려깎는다. 중앙의 솜털을 파낸 다음 레몬즙을 발라 갈변을 막는다. 완두콩의 깍지를 깐다. 그린빈스는 씻어 물기를 제거한다. 당근과 순무의 껍질을 벗긴 뒤 씻는다. 멜론 볼러를 사용해 당근과 순무를 균일한 콩알 크기로 도려낸다. 콜리플라워를 씻어 물기를 닦는다.

2. 익히기

프라이팬이나 소테팬에 올리브오일을 달군 뒤 아티초크를 넣고 모양이 흐트러지지 않게 조심하며 지진다. 잘게 썬 샬롯을 넣어준다. 육수를 재료 높이만큼 넣은 뒤 뚜껑을 덮고 10~12분간 익힌다. 아티초크가 익으면 조심스럽게 건져내 식힌다.
콜리플라워를 작은 송이로 떼어내 분리한 다음 끓는 소금물에 넣어 삶는다. 완전히 익으면 건져내 수분을 날린다.
그린빈스와 완두콩도 데쳐 익힌 다음 찬물에 식힌다. 그린빈스를 작은 주사위 모양으로 썬다.
소테팬에 버터 30g과 작은 구슬 모양으로 도려낸 당근, 순무를 넣고 색이 나지 않게 익힌다. 육수를 아주 조금 넣어 윤기나게 마무리한다. 익힐 때 증기가 배출되도록 유산지로 뚜껑을 만들어 살짝 덮어준다.

3. 플레이팅

익힌 브로콜리를 지름 3.5cm 크기로 면포를 이용해 감싸 뭉쳐 8개를 만든 뒤 홀란데이즈 소스(p.217 레시피 참조)를 끼얹어준다. 살라만더 그릴이나 오븐 브로일러에 넣고 잠깐 가열해 윤기나게 글레이즈한다.
아티초크 중앙 우묵한 부분에 잘게 썬 그린빈스를 넣고 그 위에 소스를 발라 구운 콜리플라워를 한 덩이리씩 놓는다. 이어서 구슬 모양으로 도려낸 채소를 고루 얹어준다. 순무와 당근, 완두콩을 교대로 하나씩 놓아 색을 고루 배치하면 보기좋다.
서빙할 때 다시 한 번 살짝 데워서 낸다. 갸름하게 돌려깎아 익힌 감자(pommes château)를 곁들여 서빙한다.
<u>계절에 따라 제철 채소를 응용해 레시피를 변경할 수 있다.</u>

_ 자크 시라크, 압델아지즈 부테플리카 모로코 대통령을 맞이하다. 2000년 6월 14일.

블라디미르 푸틴과 자크 시라크.
2006년 상트페테르부르크

자크 시라크, 블라디미르 푸틴 대통령을 맞이하다

Jacques Chirac reçoit Vladimir Poutine

–

2003년 2월 10일

엘리제궁의 주인은 푸시킨과 고골의 언어를 구사하는 능력을 여실히 보여주었다. 시라크 대통령은 1995년 정권을 잡은 이래로 러시아와의 밀접한 관계 구축을 위해 애써왔다. 1999년 러시아 연방 대통령이 된 블라디미르 푸틴과의 첫 만남은 한 해 뒤인 2000년에 이루어졌다.
두 정상은 '프랑스와 러시아, 즉 현대의 민주적인 러시아와의 오랜 관계'를 강조했고, '각자가 자신의 정체성 및 성찰과 비즈니스 운용 능력을 지켜나갈 수 있는 다극화된 세계를 이루고자 하는 같은 비전'을 공유하며 신뢰와 상호 존중 관계를 유지했다.
이번 2003년 2월 10일 회동에서 양국 정상은 '유엔의 이라크 조사단 추진과 프랑스 러시아 사이, 더 나아가 유럽 연합과 러시아 사이의 상호 협력'을 위한 프랑스-독일-러시아 공동선언문을 발표하기에 이르렀다.

6인분
준비 : 30분
조리 : 2시간

재료
- 닭 1마리
- 닭 육수 3리터
- 양파 2개
- 리크(서양대파) 2대
- 셀러리 1줄기
- 당근 2개
- 토마토 주스 1리터
- 생크림 300g
- 밀가루 80g
- 버터 80g
- 버터 50g
- 수프용 가는 버미셀리 60g
- 달걀 3개
- 소금, 후추

'페도라' 블루테 수프

VELOUTÉ ≪FÉDORA≫

1. 재료 준비하기

채소를 씻은 뒤 당근, 리크, 셀러리를 페이잔(paysanne) 모양으로 잘게 썬다.
양파를 잘게 썬다.
닭은 깨끗이 닦은 뒤 조리용 실로 묶는다. 또는 구입할 때 익힘용으로 묶어달라고 요청한다.

2. 익히기

적당한 크기의 냄비에 버터 50g을 넣고 양파와 리크를 색이 나지 않게 볶는다.
색이 나지 않게 잘 익히려면 중간중간 뚜껑을 닫아주는 게 좋다. 타지 않도록 주의하며 지켜본다.
이어서 당근과 셀러리를 넣고 같은 방법으로 익힌다. 채소가 어느 정도 익으면 닭을 넣고 토마토 주스와 닭 육수(또는 물)를 넣어 국물을 잡는다.
소금 간을 살짝 한 다음 끓을 때까지 가열한다. 끓기 시작하면 불을 줄인 뒤 뚜껑을 덮고 1시간 30분간 익힌다.

3. 버미셀리 삶기

가늘고 짧은 수프용 버미셀리를 끓는 소금물에 삶은 뒤 찬물에 헹궈 서로 들러붙지 않게 건져 놓는다.

4. 블루테 수프 완성하기

1시간 30분 동안 익힌 닭과 채소를 건져낸다. 국물을 고운 체에 거른 뒤 식힌다.
닭의 가슴살을 떼어낸 다음 잘게 깍둑 썬다. 닭 다리와 날개, 채소는 따로 보관해 두었다가 다른 레시피에 사용한다.
바닥이 두꺼운 냄비에 버터 80g을 녹인다. 밀가루 80g을 넣고 색이 나지 않게 볶아 화이트 루(roux)를 만든다. 식힌 닭 국물(2리터)를 넣고 끓을 때까지 가열한다. 생크림을 넣고 약불에서 15분간 더 끓인다.

5. 플레이팅

수프를 끓인 뒤 간을 맞춘다. 불에서 내린 다음 달걀노른자를 넣고 재빨리 휘저어 리에종한다. 달걀이 익어 응어리질 수 있으니 다시 끓이지 않도록 주의한다.
수프에 잘게 썰어둔 닭가슴살과 버미셀리를 얹어 서빙한다.

_ 자크 시라크, 블라드미르 푸틴 대통령을 맞이하다. 2003년 2월 10일.

8인분
준비 : 35분
조리 : 10분

재료
- 노랑촉수(각 300g) 8마리
- 브릭 페이스트리 시트 12장
- 바질 1단
- 적양파 2개
- 홍피망 1개
- 노랑피망 1개
- 가지 1개
- 주키니호박 1개
- 니스산 블랙올리브 12개
- 토마토 4개
- 마늘 3톨
- 샬롯 1개
- 파스티스 100ml
- 타임
- 올리브오일
- 소금, 에스플레트 고춧가루

브릭 페이스트리로 감싼 피스투 노랑촉수 필레

FILET DE ROUGET EN CROUSTILLANT DE BRICK AU PISTOU

1. 생선 준비하기

노랑촉수의 비늘을 긁어낸 다음 아가미를 빼낸다. 등쪽으로 가시 뼈를 제거한다. 간은 꺼내서 따로 보관한다. 가시 뼈와 깨끗하게 헹군 대가리들은 소스용으로 따로 보관한다. 가시를 제거한 다음 깨끗이 닦은 노랑촉수는 면포 위에 놓고 냉장 보관한다. 물로 헹구지 않도록 주의한다.

2. 니스풍 라타투이 만들기

양파와 피망의 껍질을 벗긴 뒤 씻는다.
주키니호박과 가지를 씻은 뒤 양쪽 끝을 잘라낸다.
마늘의 껍질을 벗긴 뒤 반으로 갈라 싹을 제거한다.
피망, 주키니호박, 가지를 브뤼누아즈로 작게 깍둑 썰어 각각 따로 준비한다.
양파는 잘게 썰고 마늘은 다진다.
올리브는 씨를 제거한 다음 굵직하게 썬다. 올리브 씨는 소스용으로 보관한다.
토마토는 끓는 물에 데쳐 껍질을 벗긴다. 씨와 속을 제거한 다음 과육만 1cm 크기로 깍둑 썬다. 껍질, 속과 씨는 소스용으로 보관한다.
소테팬이나 바닥이 두꺼운 냄비에 올리브오일을 조금 넣어 달군 뒤 적양파와 다진 마늘을 넣고 색이 나지 않고 수분이 나오도록 볶는다. 소금으로 간한다.
피망을 넣어준 다음 다시 간을 한다. 가지, 타임, 깍둑 썬 토마토를 넣고 약 5분간 뭉근히 익힌다. 이어서 190°C 오븐에 넣어 20분간 익힌다. 유산지로 만든 뚜껑을 덮어 익히는 동안 수분이 증발될 수 있도록 해준다. 라타투이가 다 익었을 때 수분은 거의 없어져야 한다. 필요한 경우 다시 불에 올린 뒤 계속 저어주며 수분이 졸아들 때까지 익힌다. 불에서 내린 뒤 식힌다.
작은 큐브 모양으로 썰어둔 주키니호박을 끓는 소금물에 넣고 데쳐낸 다음 찬물에 바로 식힌다. 주키니호박과 블랙올리브를 라타투이에 넣어준다. 바질 잎 분량의 1/3을 잘게 썰어 넣어준다. 바질 줄기는 소스용으로 보관한다. 간을 맞추고 에스플레트 고춧가루를 조금 넣어준다.

3. 소스 만들기

샬롯의 껍질을 벗긴 뒤 잘게 썬다. 마늘을 씻은 뒤 칼의 넓은 면으로 눌러 짓이긴다.
소스팬이나 코코트 냄비에 올리브오일, 짓이긴 마늘, 샬롯을 넣고 생선 가시 뼈와 대가리를 넣어준다. 타임 줄기와 바질 줄기, 올리브 씨, 토마토 껍질과 속, 씨를 넣고 약간의 물을 넣은 뒤 볶아준다. 15분 정도 끓인 다음 체에 거르고 간을 맞춘다. 소스가 시럽 농도를 띌 때까지 살짝 졸인다.

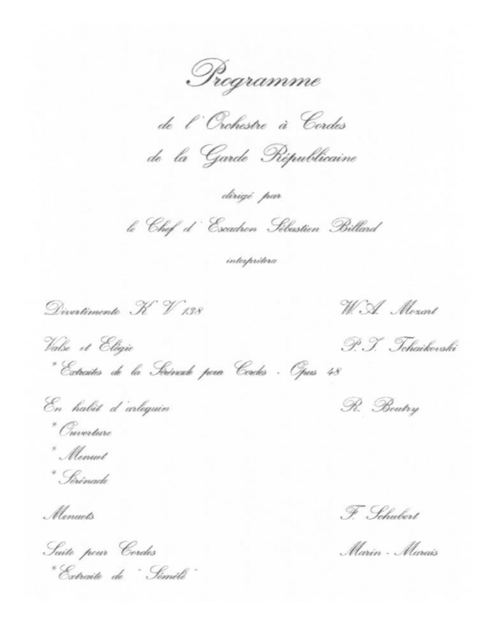
Programme

de l'Orchestre à Cordes
de la Garde Républicaine

dirigé par

le Chef d'Escadron Sébastien Billard

interprétera

Divertimento K V 138 — W.A. Mozart

Valse et Elégie — P.I. Tchaikovski
*Extraites de la Sérénade pour Cordes - Opus 48

En habit d'arlequin — R. Boutry
*Ouverture
*Menuet
*Sérénade

Menuets — F. Schubert

Suite pour Cordes — Marin - Marais
*Extraite de "Sémélé"

Velouté Fédora

Filet de rouget en croustillant de brik au pistou

Croustade de caille farcie aux rognons et crêtes de coq

Bouquetière de légumes

Fromages

Trinidad

Corton-Charlemagne Grand Cru 1995
Château Léoville-Poyferré 1990
Champagne Dom Pérignon 1995

4. 바질 피스투 만들기

바질 잎을 깨끗이 씻어 물기를 말린 다음 절구나 분쇄기에 올리브오일 40ml와 함께 넣고 간다. 소금을 조금 넣는다. 바질 줄기는 보관해 두었다가 다른 레시피에 사용한다.

5. 조립하기, 익히기

브릭 페이스트리 시트 두 장을 겹쳐 놓는다. 노랑촉수를 놓을 두 번째 시트 안쪽에 피스투를 넉넉히 발라준 다음 소금, 에스플레트 고춧가루를 뿌려 간한다. 시트를 반으로 자른 뒤 각각 생선 필레를 껍질이 아래로 오도록 하나씩 놓아준다. 브릭 페이스트리로 생선을 감싸 덮고 살 쪽에 붙여준다. 페이스트리로 싼 생선 필레를 면포 위에 껍질 방향이 위로 오도록 놓아둔다.

이 작업은 서빙하기 최대 2시간 전에 미리 만들어둘 수 있다. 이보다 더 전에 만들어두면 브릭 페이스트리가 젖어 결과물이 달라지게 된다. 또한, 소금 간에 의해 노랑촉수 살의 식감이 변할 수도 있다.

팬에 올리브오일을 약 1cm 정도 채워 달군 다음 페이스트리로 싼 생선을 넣고 양면을 바삭하게 튀긴다. 페이스트리를 붙인 접합 부분이 떨어지지 않도록 주의한다. 노릇한 색이 나되 타지 않도록 주의한다. 이 작업은 5분을 초과하지 않도록 한다. 생선이 너무 과도하게 익지 않도록 시간을 정확히 지키는 것이 중요하다. 다 익은 생선을 건져 망 위에 올려둔다.

6. 플레이팅

라타투이를 따뜻할 정도로만 데운다. 소스를 데운 다음 잘게 다진 노랑촉수 간을 넣고 잘 저어 섞는다.

페이스트리로 감싸 바삭하게 익힌 생선은 서빙 바로 전 200℃로 예열한 오븐에서 5분간 데워낸다.

라타투이를 둥근 그릇에 담은 뒤 서빙 플레이트 중앙에 돔처럼 뒤집어 놓는다. 바삭한 페이스트리로 감싼 생선을 빙 둘러 보기좋게 배치한다. 소스는 용기에 따로 담아 곁들여낸다.

_ 자크 시라크, 블라디미르 푸틴 대통령을 맞이하다. 2003년 2월 10일.

Nicolas Robert (1614-1685) Muséum d'histoire naturelle

Palais de l'Élysée

자크 시라크, 압델아지즈 부테플리카 알제리 대통령을 맞이하다

Jacques Chirac reçoit Abdelaziz Bouteflika

–

2005년 4월 5일

자크 시라크 대통령은 2년 전인 2003년, 이어서 2004년에 알제리를 국빈 방문했다. 양국 대통령 간의 이번 회동은 이 두 차례의 여행에 이어서 이루어졌다. 시라크 대통령은 환영식 연설에서 "우리는 2003년 3월 2일 알제 선언에 서명하면서 특별한 동반자 관계의 기초를 놓았고 이 관계가 더욱 심화하기를 희망했다. 그리고 2004년 4월 15일 알제리 방문 때 우호협정 서명을 통해 관계 재정립 과정에 최선을 다하기로 합의했다."라고 강조했다. 자크 시라크 대통령은 또한 "우리 양국의 국민을 이어주는 이러한 진지한 우정과 존중의 관계는 매우 소중하다."라고 밝혔다. 그는 이번 엘리제궁 연회를 빌려 '더 단합되고 굳게 결속된 하나의 유럽과 하나의 마그레브'를 지켜나가는 계기로 삼고자 했다. 이날 저녁 연회 행사에는 군 의장대 사열, 공식 행렬 및 초청 인사 환영 등이 거행되었다.

8인분
준비 : 15분
조리 : 20분

재료
- 화이트 아스파라거스 40~48개(크기에 따라)
- 그린 아스파라거스 (또는 자색 아스파라거스) 40~48개(크기에 따라)

무슬린 소스
- 달걀노른자 4개분
- 버터 400g
- 물 200ml
- 화이트 식초 150ml
- 액상 생크림 100g
- 레몬 1개
- 소금, 굵게 부순 통후추

무슬린 소스를 곁들인 두 가지 아스파라거스

DUO D'ASPERGES, SAUCE MOUSSELINE

1. 아스파라거스 준비하기

그린 아스파라거스 또는 자색 아스파라거스의 윗동 아랫부분에 있는 비늘을 떼어낸다. 중간 아래쪽 껍질을 필러나 작은 칼로 벗겨낸다.
섬유질이 더 질기고 껍질이 더 두꺼운 화이트 아스파라거스는 최대한 위쪽부터 껍질을 벗긴다. 섬유질을 꼼꼼히 제거해준다.
머리 부분에 흙이 남아 있지 않도록 모두 깨끗이 씻은 다음 1인분씩 실로 묶어 다발을 만든다.

2. 무슬린 소스용 사바용 만들기

달걀의 흰자와 노른자를 분리한다.
적당한 크기의 소스팬에 물과 식초를 넣고 가열해 1/3이 될 때까지 졸인다.
소금과 굵게 부순 통후추를 넣는다.
이어서 소스팬을 중탕 냄비 위에 놓고 몇 분간 식힌다. 달걀노른자를 넣고 거품기로 잘 저으며 유화해 사바용을 만든다. 거품기로 많이 휘저어 공기가 많이 주입될수록 가벼운 질감의 소스를 만들 수 있다.

3. 무슬린 소스용 홀란데이즈 소스 만들기

소스팬에 버터를 넣고 끓지 않도록 가열하여 녹인다. 필요한 경우 정제 버터를 만들어 맑은 부분만 따라낸다. 또는 아주 좋은 품질의 비멸균 생우유 버터를 사용해도 좋다.
이 버터를 사바용에 조금씩 넣어가며 거품기를 계속 같은 방향으로 휘저어 섞는다.

4. 소스 완성하기

소스의 간을 맞춘 다음 레몬즙을 몇 방울 넣어 섞는다. 고운 체에 거른다.
걸러낸 소스에 미리 휘핑한 생크림 100g을 넣고 섞는다. 완성된 소스는 중탕 냄비 위에 놓고 따뜻하게 서빙할 수 있도록 온도를 유지해준다. 이 소스는 이 상태로 너무 오래 두면 안 된다.

offert en l'honneur de

Son Excellence
Monsieur Abdelaziz Bouteflika
Président de la République
algérienne démocratique et populaire

par

Monsieur Jacques Chirac
Président de la République

Mardi 5 avril 2005

Duo d'asperges sauce mousseline

Poulet de Bresse rôti au jus de truffes

Artichauts poivrades et tomates confites

Fromages

Le Provençal

Jus de fruits
Domaine de Chevalier 1997
Clos de Vougeot Grand Cru 1990
Champagne Gosset «Celebris» 1995

5. 아스파라거스 익히기

큰 냄비 두 개에 물을 끓인 뒤 소금을 넣는다. 아스파라거스 묶음을 나누어 넣고 물이 다시 끓어오를 때까지 익힌다. 익은 아스파라거스를 건져 찬물에 식히지 않고 바로 서빙한다.

익히는 시간은 아스파라거스 사이즈에 따라 달라지며 약 10~20분 정도 소요된다. 특히 연한 아스파라거스가 흐물거리지 않도록 너무 오래 익히지 않는다.

6. 플레이팅

서빙 접시에 천으로 된 냅킨으로 뾰족한 곤돌라 모양을 만들어 깐 다음 아스파라거스를 올린다.

이 플레이팅은 '부르주아' 가정 풍의 고전적 방식이다. 프랑스식으로 큰 접시에 서빙한 다음 각자 덜어 먹는 방식이다. 아스파라거스용 집게는 특별히 이러한 서빙용으로 고안되어 만들어진 것이다. 스푼과 포크로 집어 덜다 보면 아스파라거스가 접혀 부러질 우려가 있으니 가능하면 전용 집게를 사용하는 것을 권장한다.

_ 자크 시라크, 압델아지즈 부테플리카 알제리 대통령을 맞이하다. 2005년 4월 5일.

Déjeuner

offert par

Monsieur le Président de la République
et Madame Cécilia Sarkozy

à l'occasion des

Cérémonies d'Installation
du Chef de l'Etat

Mercredi 16 mai 2007

사르코지 대통령 취임식 연회

Réception d'investiture du président Sarkozy

—

2007년 5월 16일

니콜라 사르코지 대통령은 자크 시라크 전임 대통령을 접견한 뒤 연회장으로 향했다. 그곳에서는 헌법평의회 의장이 대통령 선거 공식 결과를 발표하고 임명 공식보고서 서명을 기다리고 있었다. 이로써 니콜라 사르코지는 공식적으로 프랑스 제5공화국의 여섯 번째 대통령이 되었다. 국가원수 자격으로 한 첫 번째 연설에서 그는 자신의 선거를 상기했다. "5월 6일, 단 하나의 승리만이 있었다. 프랑스의 승리다(...). 행동을 원하고, 발전을 원하지만 박애를 원하고, 효율성을 원하지만 정의를 원하고, 정체성을 원하지만 개방을 원하는 프랑스의 승리라고 할 수 있다. 5월 6일, 승리자는 단 하나뿐이었다. 바로 프랑스 국민이다 (...)."

니콜라 사르코지 주최 버락 오마바 대통령 환영 오찬

Déjeuner offert à Barack Obama
par Nicolas Sarkozy

–

2009년 6월 6일

버락 오바마 미국 대통령은 짧은 프랑스 경유 기간 동안 2009년 6월 6일 캉(Caen)에서 프랑스 사르코지 대통령을 만나 이란과 중동 문제를 집중적으로 논의했다. 그들은 이어서 노르망디 연합군 상륙작전 65주년 기념식에 함께 참석했다. 촉박한 일정 속에서 이루어진 이 짧은 회동과 오찬은 노르망디의 역사적 해변 위에서 당시 주말을 빛내는 행사가 되었다.

버락 오바마와 니콜라 사르코지. 2008년 엘리제궁.

Dîner

offert en l'honneur de

Son Excellence

Monsieur le Président de la République d'Irak

et Madame Hero Talabani

par

Monsieur le Président de la République

et Madame Carla Sarkozy

Lundi 16 Novembre 2009

니콜라 사르코지와 이라크 공화국 잘랄 탈라바니 대통령의 바그다드 회동

Rencontre entre Nicolas Sarkozy et Jalal Talabani, président de la République d'Irak, à Bagdad

–

2009년 11월 16일

"이것은 역사적인 방문입니다. 왕, 황제, 대통령을 불문하고 프랑스 국가 원수 최초의 이라크 방문이기 때문입니다." 2003년 이후 유럽의 국가원수가 바그다드를 방문하는 것 또한 처음이었다. 사르코지 대통령은 국가가 테러 공격의 대상이 된 이같이 어려운 시기에 처한 이라크에 대한 지원을 확인했다. "프랑스는 이라크의 단합을 신뢰합니다. 세계는 통합되고 민주적이며 주권을 가진 강한 이라크를 필요로 합니다. 프랑스는 이라크가 중동과 세계에 완전히 재진입하길 희망합니다. 우리의 지원은 변함없이 지속될 것이며 내정 간섭없이 이루어질 것입니다. 저는 프랑스가 이라크의 경제 개발에 참여하고자 하는 의지를 천명하고자 이 자리에 왔습니다." 오찬 연회는 바그다드 주재 프랑스 대사관에서 거행되었다.

니콜라 사르코지와 실비오 베를루스코니 이탈리아 공화국 각료평의회 의장의 회동

Rencontre entre Nicolas Sarkozy et Silvio Berlusconi, président du Conseil des ministres de la République italienne

–

2010년 4월 9일

2020년 4월 9일 이 두 지도자는 엘리제궁에서 회동하여 유럽의 모든 현안 주제에 대한 해결책을 찾기 위해 의견을 나누었고 서로 긴밀한 노력을 이어나가기로 협의했다. 프랑스와 이탈리아의 이번 정상회담은 사회를 바라보는 비전 및 국가의 개혁을 위해 양국이 각기 갖고 있는 유사한 계획들에 관해 의견을 교환하는 계기가 되었다. “우리의 개인적 관계가 아주 좋다는 것은 사실입니다. 우리는 유럽, 사람들에게 가까운 하나의 유럽, 행동하는 유럽에 대해 같은 생각을 공유하고 있습니다.”라고 이탈리아의 의장은 선언했다. 이 정상 간의 회동은 공동 기자회견으로 마무리되었다.

8인분
준비 : 30분
조리 : 30분

재료
- 카넬로니 파스타 16개
- 장기숙성 파르메산 치즈 200g
- 닭 육수 1.5리터
- 아티초크 2개
- 익힌 푸아그라 200g
- 샬롯 1개
- 베샤멜 200g
- 익힌 송로버섯(각 20g) 4개
- 화이트와인
- 소금, 후추

오리 푸아그라 카넬로니 그라탱
CANNELLONI AU FOIE GRAS DE CANARD GRATINÉS AU PARMESAN

1. 아티초크 준비하기
샬롯의 껍질을 벗긴 뒤 잘게 썬다. 아티초크 두 개의 껍질을 벗기고 속살만 다듬어 돌려깎기 한다. 가운데 솜털을 긁어낸 다음 레몬즙을 뿌린다. 8등분으로 자른 뒤 바로 익힌다.
소테팬에 올리브오일을 한 스푼 두른 뒤 잘라둔 아티초크를 넣고 재빨리 볶는다. 샬롯을 넣고 같이 볶은 뒤 소금, 후추로 간을 한다. 화이트와인을 조금 넣어 디글레이즈한다. 뚜껑을 닫고 7분 정도 익힌다. 필요한 경우 물을 아주 소량 넣어준다. 아티초크가 익고 화이트와인이 완전히 날아가면 불을 끈다.

2. 스터핑 준비하기
아티초크를 브뤼누아즈로 작게 깍둑 썬다.
푸아그라도 같은 크기로 깍둑 썬다. 익힌 송로버섯을 만돌린 슬라이서로 얇게 저민다. 중간 부분의 큰 슬라이스로 16장을 준비하고 나머지 자투리 부분은 잘게 다진다.
작게 깍둑 썬 아티초크, 차갑게 보관해 둔 푸아그라, 다진 송로버섯을 볼에 넣고 파르메산 치즈 100g을 갈아 넣은 베샤멜을 조금 넣어 버무린다. 소금, 후추로 간을 맞춘다.

3. 카넬로니 익히기
끓는 닭 육수에 카넬로니를 납작하게 놓고 삶는다. 넉넉한 크기의 소테팬이 있다면 파스타를 나란히 한 켜로 놓고 익히면 좋다. 익히는 동안 카넬로니가 너무 많이 움직이지 않도록 삶는 국물을 너무 많이 잡지 않는다.
파스타가 익으면 조심스럽게 건져내어 자국이 생기지 않도록 촘촘한 망 위에 얹어놓는다. 닭 육수를 졸인 뒤 크림을 조금 넣어 섞는다. 카넬로니 소스로 곁들일 것이다.

4. 완성하기
카넬로니 파스타 안에 스터핑 혼합물을 채워 넣는다. 너무 많이 넣어 빠져나오지 않도록 주의한다. 남은 베샤멜 소스를 붓으로 발라준 다음 두 개씩 나란히 붙여 오븐팬 위에 놓는다.
다시 한번 붓으로 베샤멜 소스를 발라준 다음 파르메산 치즈를 뿌린다. 오븐 브로일러에 넣어 그라탱처럼 노릇하게 익힌다.

5. 플레이팅
서빙 전 카넬로니를 살짝 데운다. 얇게 슬라이스한 송로버섯을 카넬로니 위에 얹어준다. 크림을 넣어 졸인 닭 육수 소스를 곁들인다. 송로버섯을 넣은 닭 육즙 소스를 함께 낸다.
이 요리는 프랑스의 유명 셰프 에릭 프레숑(Éric Frechon)의 레시피에서 영감을 얻어 만들어졌다.

Déjeuner

offert par

Monsieur Nicolas Sarkozy
Président de la République

en l'honneur de

Son Excellence
Monsieur Silvio Berlusconi
Président du conseil italien

Vendredi 9 avril 2010

_ 니콜라 사르코지와 실비오 베를루스코니 이탈리아 공화국 각료평의회 의장의 회동. 2010년 4월 9일.

니콜라 사르코지, 후진타오 중화인민공화국 주석을 맞이하다

Nicolas Sarkozy reçoit Hu Jintao,
président de la République populaire de Chine

–

2011년 11월 2일

니콜라 사르코지 대통령과 영부인 카를라 여사가 오를리 공항 영빈관에서 후진타오 중국 주석 내외를 맞이했다. 포브스가 선정한 세계에서 가장 영향력 있는 인물인 후진타오 대통령은 G20 회의 참석차 프랑스를 방문했고, 군 의장대 사열과 공화국 근위대의 기마 및 사이드카 호송 의전이 제공되었다. 양국 정상의 엘리제궁에서의 연회와 만찬을 전후로 단독 정상회담, 계약서 서명 및 앵발리드 군사박물관 방문 등의 일정이 진행되었다.

니콜라 사르코지 대통령과 영부인 카를라 여사가 국빈을 맞이하는 모습. 2009년.

프랑수아 올랑드, 딜마 루세프 브라질 대통령을 맞이하다

François Hollande reçoit Dilma Rousseff, présidente de la République fédérative du Brésil

–

2012년 12월 11일

딜마 루세프 브라질 대통령은 룰라(Lula) 재단과 장 조레스(Jean-Jaurès) 재단이 개최한 사회적 성장에 관한 포럼에 초청되어 처음으로 프랑스를 국빈 방문했다. 두 정상은 이 행사를 마치면서 특히 G8 혹은 G20 등 세계적 차원에서 모든 결정을 내리기 전에 협의 체제를 갖출 것을 제안하며 세계화의 새로운 관할권 옹호를 주장했다. 동시에 이와 같은 결정이 실행되었을 때의 영향이 신중하게 심사숙고되어야 하며 책임을 동반해야 한다고 강조했다. 프랑수아 올랑드 대통령과 딜마 루세프 대통령은 또한 공동선언문에 서명했다. “민주적 가치와 인권을 존중하는 프랑스와 브라질은 국제법과 평화 및 안보 수호를 중시하는 문화적으로 다변화된 세계에서 (중략) 더욱 번영되고 공정한 국제적 질서를 위한 공동의 비전을 증대시키기를 기원한다.” 루세프 대통령을 위해 엘리제궁에서 열린 국빈 만찬에서는 공화국 근위대의 현악 오케스트라 연주가 곁들여졌다.

메종 크리스토플의 은도금 커틀러리와 메종 퓌포르카의 순은, 베르메이(금도금 은제품) 커틀러리.

8인분
준비 : 35분
조리 : 15분

재료
- 가리비 20개
- 훈제 연어 슬라이스 8장
- 파트 퓌유테(지름 9cm 원형. 구운 것) 8개
- 샬롯 8개
- 양송이버섯 큰 것 12개
- 타라곤 1줄기
- 이탈리안 파슬리 1/2단
- 차이브 1/2단
- 버터 200g
- 생선 육수 300ml
- 생크림 300ml
- 누아이 프라트(Noilly-Prat) 베르무트 100ml
- 라임 3개
- 올리브오일
- 핑크 페퍼콘
- 소금, 후추

라임에 재운 가리비와 훈제 연어 타르트

COQUILLES SAINT-JACQUES MARINÉES AU CITRON VERT ET SON TARTARE DE SAUMON FUMÉ AU POIVRE ROSE

1. 재료 준비하기

채소를 모두 씻어 껍질을 벗긴다. 샬롯 4개는 잘게 썰고 나머지는 얇게 저며 썬다.
양송이버섯은 껍질을 벗긴 뒤 얇게 썬다.
훈제 연어의 거무스름한 부분은 꼼꼼히 잘라낸 다음 일정한 크기의 큐브 모양으로 썬다. 타라곤과 파슬리는 다지고 차이브는 잘게 썬다.
볼에 훈제 연어, 차이브, 라임 제스트 한 개분을 넣고 핑크 페퍼콘을 넣어 양념한다.
가리비 살을 2mm 두께로 얇게 썬다. 유산지 위에 라임 제스트를 갈아 뿌린 뒤 가리비 살을 작은 원(퓌유테 크러스트 크기에 맞춘다) 안에 고르게 깔아 놓는다.
원형을 표시하려면 유산지에 연필로 그린 다음 뒤집어 사용하면 된다.
소금을 절대 뿌리지 말고 냉장고에 넣어둔다.

2. 타르트 준비하기

퓌유테 반죽을 밀어 고루 포크로 찌른 다음 약 220℃ 오븐에서 굽는다. 지름 9cm 원형 커터로 총 8장을 잘라낸다.
얇게 썰어둔 양송이버섯과 잘게 썬 샬롯을 팬에 넣고 볶는다. 핑크 페퍼콘을 잘게 부수어 조금 넣어준다. 몇 분간 익힌다. 식으면 이탈리안 파슬리와 타라곤을 넣어준다.

3. 소스 만들기

소스팬에 버터를 조금 달군 뒤 얇게 썬 샬롯과 버섯 자투리를 넣고 볶는다. 누아이 프라트 베르무트를 넣어 디글레이즈한 다음 생선 육수를 넣고 10분 정도 끓인다. 블렌더로 간 다음 고운 체에 거른다. 국자로 꾹꾹 눌러 최대한 즙을 짜낸다.

4. 타르트 만들기

동그랗게 놓아둔 가리비 살을 논스틱 코팅팬에 뒤집어 놓고 라임 제스트가 묻지 않은 쪽을 지진다. 소금 간을 한다. 원형 퓌유타주 페이스트리 위에 허브로 양념한 버섯을 얹은 뒤 그 위에 동그랗게 지진 가리비를 올린다. 마지막으로 훈제 연어 타르타르를 얹어준다. 라임 제스트를 갈아 고루 뿌린다.
가리비 살이 너무 많이 익지 않도록 주의하며 따뜻하게 서빙한다. 서빙할 때 소스에 라임즙을 첨가한다.
큰 플레이트에 담아내는 프랑스식 서빙 방식에 적합하도록 퓌유타주 페이스트리에 가리비를 얹어 하나씩 각자 집어 덜어가기 쉽게 만든 레시피다. 개인별로 접시에 서빙할 경우 페이스트리 받침을 생략하면 더 가볍고 산뜻한 요리로 만들어 낼 수 있다.

Dîner

offert

en l'honneur de

Son Excellence Madame Dilma Rousseff,
Présidente de la République fédérative du Brésil

par

Monsieur François Hollande
Président de la République
et Madame Valérie Trierweiler

Mardi 11 décembre 2012

_ 프랑수아 올랑드, 딜마 루세프 브라질 대통령을 맞이하다. 2012년 12월 11일.

Gustave Moreau (1826-1898) Musée du Louvre

Palais de l'Élysée

프랑수아 올랑드, 아베 신조 일본 수상을 맞이하다

François Hollande reçoit le Premier ministre du Japon, Shinzo Abe

–

2014년 5월 5일

아베 신조 수상과의 이 회동을 마치면서 프랑수아 올랑드 대통령은 성명서에서 "7년이 넘는 기간 동안 일본 정부의 대표는 프랑스를 한 번도 방문하지 않았습니다. 그가 수상이 된 지는 이미 7년이나 되었지만 오늘에 이르러서야 우리를 방문했습니다."라고 말했다. 이미 세 차례 만났던 적이 있던 양국 정상은 이번 회동을 통해 경제, 안보, 예술, 문화 방면에서 '일본과 프랑스의 특별한 동반자' 관계를 재확인했다.

8인분
준비 : 20분
조리 : 10분

재료
- 햇 잠두콩 2kg
- 비고르(Bigorre) 흑돼지 또는 바스크 돼지 장봉 슬라이스 4장
- 비고르 흑돼지 비계 1조각
- 샬롯 2개
- 마늘 1톨
- 이탈리안 파슬리 1/2단
- 닭 육수 또는 채소 육수 200ml
- 소금, 후추

장봉을 곁들인 햇 잠두콩 요리

FÉVETTES AU JAMBON DE PAYS

1. 재료 준비하기

햇 잠두콩의 깍지를 깐 다음 흐르는 물에 깨끗이 씻는다.
샬롯의 껍질을 벗긴 뒤 잘게 썬다. 마늘도 껍질을 벗긴 뒤 다진다.
장봉은 너무 가늘지 않게 균일한 막대 모양으로 썬다.
비계는 주사위 모양으로 썬다.
이탈리안 파슬리를 씻어 잎만 떼어낸 다음 잘게 썬다.

2. 잠두콩 익히기

끓는 소금물에 콩을 넣고 딱 2분만 익힌다. 건져서 바로 찬물에 넣어 선명한 녹색을 유지한다. 콩의 속껍질을 제거한다.
소테팬에 깍둑 썬 비계를 넣고 녹인다. 비계가 튀겨지기 시작하면 샬롯과 마늘을 넣고 색이 나지 않도록 몇 분간 볶는다. 이어서 육수와 잠두콩을 넣어준다.
잠두콩이 금세 검게 탈 수 있으므로 너무 센 불로 오래 가열하지 않도록 주의한다.

3. 플레이팅

잠두콩이 뜨겁게 익으면 마지막에 장봉과 이탈리안 파슬리를 넣어준다. 햄이 건조해질 수 있으니 너무 일찍 넣지 않도록 주의한다.

_ 프랑수아 올랑드, 아베 신조 일본 수상을 맞이하다. 2014년 5월 5일.

Palais de l'Elysée

6 juin 2014

엘리자베스 2세 여왕과 필립공 환영 만찬

Dîner en l'honneur de la reine Elizabeth II et du prince Philip

—

2014년 6월 6일

이날 만찬에 준비된 메뉴는 1914년 4월 21일 푸앵카레(Raymond Poincaré) 대통령이 엘리자베스 2세 여왕의 조부모인 대영제국 조지 5세 국왕과 메리 여왕에게 대접했던 식사 그대로 재현되었다. 프랑스의 상징인 마리안(Marianne)이 서서 양국의 국기를 잡고 휘날리고 있는 메뉴의 일러스트는 두 나라 사이의 화합을 상징한다. 이날 엘리자베스 2세 여왕은 1944년 6월 6일의 노르망디 상륙작전 70주년 기념행사에 참석하기 위해 프랑스를 공식 방문했다. 이 기념행사에는 버락 오바마 미국 대통령도 참석했다.

8~10인분
준비 : 60분
조리 : 35분
휴지 : 1시간

재료
- 양 바롱(baron 양의 볼기 등심과 두 개의 뒤 넓적다리 부분을 포함하는 덩어리) 1채
- 이탈리안 파슬리 1단
- 셀러리악 1/2개
- 양파 2개
- 당근 3개
- 마늘 4톨
- 빵가루 80g
- 부케가르니 1개
- 버터 30g
- 올리브오일
- 소금, 카옌페퍼

봄 채소를 곁들인 시스트롱 양고기 요리
BARON D’AGNEAU DE SISTERON AUX SAVEURS PRINTANIÈRES

1. 재료 준비하기
마늘 3톨의 껍질을 벗긴 뒤 다진다.
이탈리안 파슬리를 씻어 잘게 썬다.
소스용 향신 채소인 당근과 양파의 껍질을 벗긴 뒤 작게 깍둑 썬다.
볼에 다진 마늘, 파슬리, 빵가루를 넣고 섞는다. 간을 한 다음 올리브오일을 한 티스푼 넣어준다(페르시야드).

2. 고기 준비하기
미리 손질된 경우가 아니라면 양의 뒷다리 두 개를 볼기 등심에서 분리한다. 꼬리는 볼기 등심 덩어리에 붙어 있는 채 그대로 둔다. 잘라낸 뒷다리를 깨끗이 닦고 볼기 등심 덩어리는 뼈를 제거한다. 뼈 안쪽에 있는 가늘고 길쭉한 필레미뇽을 잘라낸다. 이 부위는 나중에 안쪽에 다시 채워 넣을 것이다. 볼기 등심 덩어리의 양쪽 날개 같은 덮개살을 깨끗이 닦은 뒤 끝을 조금 잘라 다듬는다. 잘라낸 자투리 고기는 따로 보관해두었다가 스터핑 혼합물을 만들 때 사용한다. 껍질 자투리와 기름은 육즙 소스용으로 사용한다.
볼기 등심에서 발라낸 뼈의 무게를 잰다. 이 무게에 따라 고기 안에 넣는 스터핑의 무게가 결정되기 때문이다. 스터핑용으로 약 250g의 고기가 필요하다.
두 개의 뒷다리를 짧게 자른 다음 대퇴골 뼈를 제거한다.
뼈를 꼼꼼히 긁어 최대한 고기를 많이 발라낸다.

3. 육즙 소스(jus) 만들기
볼기와 뒷다리에서 발골한 뼈를 작게 자른 다음 올리브오일과 버터를 조금 달군 팬에 넣고 센 불에서 지진다. 자투리 고깃살을 첨가하고 고루 색이 나도록 지진다. 필요하면 버터를 조금 추가한다.
팬의 기름을 대충 제거한 다음 작게 깍둑 썬 양파와 당근을 넣고 나머지 마늘과 부케가르니를 넣어준다. 물을 넣고 끓인다. 원하는 육즙 소스 농도가 될 때까지 졸인다.

4. 스터핑 준비하기, 고기 실로 묶기

양 뒷다리와 볼기 등심 덮개 부분에서 발라낸 살코기를 곱게 다진 다음 페르시야드 분량의 1/3을 넣고 소금, 카옌페퍼로 간을 한다. 볼기 등심살 덩어리 안에 길쭉한 필레미뇽을 넣고 소금과 카옌페퍼로 간을 한 고기 소를 채워 넣고 말아준다. 양쪽 덮개살이 조금 겹쳐지도록 말아 감싸준다. 주방용 실로 아랫부분 세 군데를 꿰매 고정해준다. 양쪽 끝에 도톰하게 원형으로 썬 셀러리악을 대어 감싸 넣은 스터핑이 새어 나오지 않도록 막아준다. 주방용 실을 이용해 일정한 간격으로 전체 덩어리를 묶어준다. 실로 묶은 자리가 익힌 후 슬라이스하는 자리가 되도록 하여 서빙할 때 실 자국이 두드러지지 않도록 한다.

뒷다릿살 안에 나머지 페르시야드를 넣고 멜론처럼 동그랗게 감싸 실로 묶어준다. 일정한 크기와 모양으로 만들어 균일하게 익도록 한다.

5. 익히기

소테팬이나 적당한 크기의 로스팅 팬에 올리브오일을 달군 뒤 넉넉히 간을 한 두 개의 뒷다리를 놓고 고루 색이 나도록 약 10분 정도 지진다.

190℃ 오븐에 넣어 약 20분간 굽는다. 그릴 망 위에 올려 레스팅한다. 5분마다 뒤집어 고기 안의 육즙이 고루 퍼지도록 한다. 레스팅이 완전히 끝날 때까지 실을 풀지 않는다.

올리브오일을 달군 팬에 볼기 등심을 넣고 마찬가지로 고루 색이 나도록 약 12분간 지진다.

190℃ 오븐에서 8~12분 정도 익힌다. 뒷다리와 마찬가지 방법으로 레스팅한다. 고기의 풍미와 연한 육질, 촉촉한 육즙을 보존하기 위해서는 충분히 레스팅시키는 과정이 매우 중요하다.

6. 플레이팅

고기의 레스팅이 모두 끝나면 자르기 전에 묶은 실을 조심스럽게 풀어준다. 꿰맸던 부분의 실도 제거한다.

큰 사이즈의 서빙 플레이트 중앙에 속을 채운 볼기 등심을 썰어 조금씩 포개 놓는다. 뒷다릿살도 마찬가지로 슬라이스한 다음 양쪽 끝에 놓는다. 뼈와 정강이 부분은 올리지 않는다.

봄 채소 위주의 가니시를 빙 둘러 놓는다. 소스는 용기에 담아 따로 서빙한다.

우정 어린 건배를
나누고 있는
엘리자베스 여왕과
올랑드 대통령.
2014년.

_ 엘리자베스 2세 여왕과 필립공 환영 만찬. 2014년 6월 6일.

6~8인분
준비 : 30분
조리 : 20분

재료

아몬드 비스퀴
- 아몬드 290g
- 잣 160g
- 슈거파우더 120g
- 버터 160g
- 달걀흰자(1) 95g
- 달걀흰자(2) 225g
- 비정제 황설탕 65g

콩포트
- 물 35g
- 설탕 155g
- 바닐라빈 1줄기
- 라즈베리 700g
- 라즈베리 퓌레 140g
- 라임즙 85g
- 판 젤라틴 10g

무스
- 우유 210g
- 생크림 25g
- 커스터드 분말 12g
- 밀가루(T55) 12g
- 설탕 40g
- 달걀노른자 40g
- 버터 25g
- 라임 제스트 2개분
- 레몬 제스트 2개분
- 부다즈핸드 제스트 4g
- 판 젤라틴 8g
- 마스카르포네 105g
- 생크림 400g
- 달걀흰자 65g
- 글루코스 시럽 55g
- 트리몰린(전화당) 55g

데커레이션
- 황도 3개
- 백도 3개

서머 프루츠 베린
SENSATION D'ÉTÉ

1. 아몬드 비스퀴 만들기
아몬드와 잣을 블렌더에 간다. 버터를 상온에 두어 크림처럼 부드럽게 만든 다음 블렌더에 간 견과를 넣고 섞는다. 슈거파우더를 넣고 생 달걀흰자(1)를 넣은 뒤 잘 섞는다.
달걀흰자(2)의 거품을 낸다. 황설탕을 넣고 쫀쫀한 질감의 머랭을 만든다.
거품 낸 흰자를 혼합물에 넣고 주걱으로 살살 섞어준다. 버터를 칠해둔 무스링에 혼합물을 채워 깔아준 다음 200℃ 오븐에서 20분간 굽는다. 식힌 뒤 틀에서 분리한다.

2. 라즈베리 콩포트 만들기
물과 설탕을 125℃가 될 때까지 끓여 시럽을 만든다. 여기에 라즈베리 퓌레를 넣어 더 이상 끓는 것을 중단시킨다.
105℃까지 온도가 떨어지면 길게 갈라 긁은 바닐라빈, 라임즙, 젤라틴(찬물에 미리 불려 꼭 짠다)을 넣고 잘 섞는다. 혼합물을 라즈베리 위에 부어준다. 식힌다.

3. 복숭아 포칭하기
냄비에 물을 넣고 가열한다. 큰 볼에 찬물과 얼음을 담가 준비한다.
복숭아를 씻는다. 망국자로 복숭아를 뜨거운 물에 담가 3분간 데친 다음 바로 얼음물에 넣는다. 껍질을 벗기고 칼로 씨를 빼낸다. 차갑게 보관한다.

4. 라이트 무스 만들기
라임, 레몬, 부다즈핸드 제스트를 우유에 넣어 향을 우려낸다.
달걀흰자에 전화당과 글루코스 시럽을 넣고 거품기로 휘저어 머랭을 만든다.
시트러스 향이 우러난 우유를 체에 거른 뒤 생크림(25g)을 넣고 냄비에 넣고 가열한다.
바닥이 둥근 볼에 달걀노른자, 설탕, 밀가루, 커스터드 분말을 넣고 거품기로 섞어준다.
우유가 끓으면 볼 안의 혼합물에 넣고 잘 섞은 다음 다시 큰 냄비에 옮겨 담고 불 위에 올려 2분간 끓인다.
불에서 내린 뒤 젤라틴(미리 찬물에 불린 뒤 꼭 짠다)과 버터를 넣고 섞어준다. 다른 볼에 마스카르포네, 휘핑한 생크림(400g)을 넣고 풀어준다. 냄비 안의 크렘 파티시에 혼합물이 식으면 전동 거품기로 균일하게 풀어준 다음 마스카르포네와 휘핑한 크림, 이어서 머랭을 넣고 잘 섞는다.

5. 조립하기
유리컵(베린)에 라즈베리 콩포트를 깔아준다. 아몬드 비스퀴를 유리컵 사이즈 원형으로 잘라 콩포트 위에 놓는다. 라이트 무스 크림을 짜 얹는다. 포칭한 복숭아를 얹어 장식한다.

PALAIS DE L'ÉLYSÉE

Diner du 21 Avril 1914

1. **Marche triomphale** .. .. LENEPVEU
2. **La Flûte enchantée** *(Ouverture)*. .. .. .. MOZART
3. **L'Harmonieux Forgeron** .. .. HAËNDEL
4. **Entr'acte Sévillana de Don César de Bazan** . MASSENET
5. **Mireille** *(Sélection)*. .. .. GOUNOD
6. **Loreley** *(Andante)*. .. .. WALLACE
7. **Xavière** . .. . TH. DUBOIS

MUSIQUE DE LA GARDE RÉPUBLICAINE

RF

MENU

Potage Tortue Claire
Mousseline de Volaille

Croustades à la Montglas

Truites Saumonées de la Loire

Agneau de Pauillac Massenet

Suprêmes de Gélinottes

Noisettes de Foie gras à la Gelée

Spooms au Clicquot
Granités à la Mandarinette

Poulardes de la Bresse truffées à la Broche

Petits Jambons glacés au Marsala
Salade Montfermeil

Asperges en Branches sauce Crème

Champignons de Rosée à la Meunière

Glace Francillon
Petits Palmiers

Dessert

_ 엘리자베스 2세 여왕과 필립공 환영 만찬. 2014년 6월 6일.

Palais de l'Elysée

Bernadotte (Jean-Baptiste-Jules) Prince de Ponte-Corvo
Maréchal de France le 19 Mai 1804

Mardi 2 décembre 2014

프랑수아 올랑드 주최
카를 16세 스웨덴 국왕과
실비아 여왕 내외 환영
엘리제궁 연회

Réception au palais de l'Élysée en l'honneur du roi
Carl XVI de Suède et de son épouse la reine Silvia,
par François Hollande

–

2014년 12월 2일

앵발리드 군사박물관에서 의장대 사열로 환영을 받은 뒤 스웨덴 국왕 내외는 공화국 기마 근위대의 호위를 받으며 엘리제궁으로 향해 프랑수아 올랑드 대통령의 환대를 받았다.

이 공식 만찬 다음 날 카를 16세 구스타브 국왕과 프랑수아 올랑드 대통령은 콜레주 드 프랑스(Collège de France)에서 "기후와 환경 : 유럽은 이 도전에 응할 수 있을까?"라는 주제로 공동 토론회를 열었다.

8인분
준비 : 15분
조리 : 50분

재료
- 퓌레용 감자(bintje 품종) 2kg
- 일 드 프랑스산 느타리버섯 2kg
- 샬롯 3개
- 마늘 1톨
- 이탈리안 파슬리 1/2단
- 버터 50g
- 달걀 7개
- 생크림 200g
- 넛멕
- 소금, 후추

느타리버섯을 넣은 감자 파이

GÂTEAU DE POMMES DE TERRE AUX PLEUROTES D'ÎLE-DE-FRANCE

1. 감자 퓌레 만들기

감자의 껍질을 벗긴 뒤 물에 담그지 말고 흐르는 물에 헹군다. 적당한 크기로 잘라 찜기에 찐다. 익은 감자를 꺼내 수분을 날려준다.
포테이토 라이서로 감자를 간 다음 소금으로 살짝 간을 한다. 감자 퓌레에 랩을 씌운 뒤 상온에서 식힌다(냉장고에 넣지 않는다).

2. 느타리버섯 준비하기

느타리버섯의 단단한 밑동 부분을 잘라내고 싱싱한 것으로 골라 꼼꼼히 다듬는다. 버섯을 물에 담그지 않은 상태로 재빨리 헹구어 씻는다. 가장 작은 것 20개를 골라 따로 보관한다. 나머지는 크기에 따라 2등분 또는 3등분한다.
샬롯과 마늘의 껍질을 벗긴다. 샬롯은 잘게 썰고 마늘은 곱게 다진다. 이탈리안 파슬리를 잘게 썰어둔다.
뜨겁게 달군 팬에 올리브오일 한 스푼을 두른 뒤 골라놓은 20개의 작은 느타리버섯과 소금 한 꼬집을 넣고 센 불에서 재빨리 볶는다. 덜어낸다.
이어서 잘라 놓은 버섯을 같은 방식으로 볶는다. 버섯에서 나온 수분이 증발하고 색이 나기 시작하면 버터, 마늘, 샬롯을 넣은 뒤 불을 줄인다. 재료를 볶아 익힌 다음 마지막에 파슬리와 생크림을 넣어준다.
간을 맞춘 뒤 몇 분간 졸인다. 식힌 뒤 냉장고에 보관한다.

3. 파이 만들기

식힌 감자 퓌레 1.5kg을 계량한 다음 달걀 7개를 풀어 넣고 섞는다. 소금과 넛멕을 넣어 간한다.
지름 24cm, 높이 8cm 제누아즈 틀에 버터를 넉넉히 바른 다음 감자, 달걀 혼합물을 부어 채운다. 바닥으로부터 최소 3cm를 남기고 중앙 부분을 우묵하게 파준다.
우묵하게 만든 중앙에 버섯 혼합물을 넣고 그 위에 감자, 달걀 혼합물을 덮어 메워준다.
스패출러로 표면을 매끈하게 밀어준 다음 버터를 발라둔 알루미늄 포일로 덮어준다

4. 감자 파이 익히기

뜨거운 물을 담은 바트에 파이 틀을 놓고 180℃ 오븐에서 50분간 중탕으로 익힌다.

5. 플레이팅

모양이 흐트러지지 않게 조심하며 틀에서 분리한다. 볶아 놓은 버섯을 파이 표면 위에 빙 둘러 올려 장식한다.

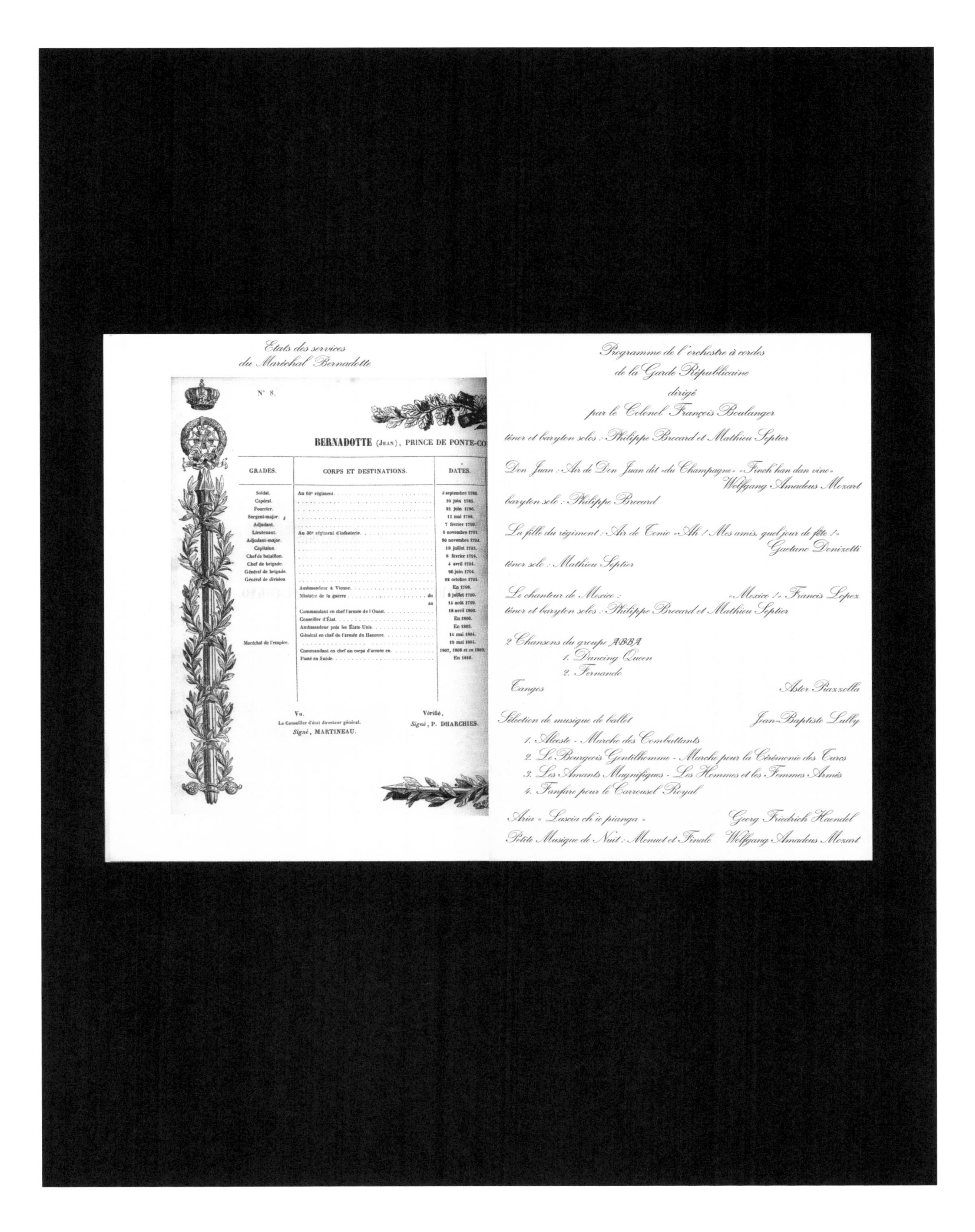

Etats des services
du Maréchal Bernadotte

N° 8.

BERNADOTTE (Jean), PRINCE DE PONTE-CO

GRADES.	CORPS ET DESTINATIONS.	DATES.
Soldat.	Au 60e régiment.	3 septembre 1780.
Capôral.		16 juin 1785.
Fourrier.		21 juin 1786.
Sergent-major.		11 mai 1788.
Adjudant.		7 février 1790.
Lieutenant.	Au 36e régiment d'infanterie.	6 novembre 1791.
Adjudant-major.		30 novembre 1792.
Capitaine.		18 juillet 1793.
Chef de bataillon.		8 février 1794.
Chef de brigade.		4 avril 1794.
Général de brigade.		26 juin 1794.
Général de division.		22 octobre 1794.
	Ambassadeur à Vienne.	En 1798.
	Ministre de la guerre du	3 juillet 1799.
	au	14 août 1799.
	Commandant en chef l'armée de l'Ouest.	18 avril 1800.
	Conseiller d'État.	En 1800.
	Ambassadeur près les États-Unis.	En 1803.
	Général en chef de l'armée du Hanovre.	14 mai 1804.
Maréchal de l'empire.		19 mai 1804.
	Commandant en chef un corps d'armée en.	1807, 1808 et en 1809.
	Passé en Suède.	En 1810.

Vu.
Le Conseiller d'état directeur général.
Signé, MARTINEAU.

Vérifié,
Signé, P. DHARCHIES.

Programme de l'orchestre à cordes
de la Garde Républicaine
dirigé
par le Colonel François Boulanger

ténor et baryton solos : Philippe Brecard et Mathieu Septier

Don Juan : Air de Don Juan dit «du Champagne» «Finch'han dan vino»
Wolfgang Amadeus Mozart
baryton solo : Philippe Brecard

La fille du régiment : Air de Tonio «Ah ! Mes amis, quel jour de fête !»
Gaetano Donizetti
ténor solo : Mathieu Septier

Le chanteur de Mexico : «Mexico !» Francis Lopez
ténor et baryton solos : Philippe Brecard et Mathieu Septier

2 Chansons du groupe ABBA
1. Dancing Queen
2. Fernando

Tangos Astor Piazzolla

Sélection de musique de ballet Jean-Baptiste Lully
1. Alceste - Marche des Combattants
2. Le Bourgeois Gentilhomme - Marche pour la Cérémonie des Turcs
3. Les Amants Magnifiques - Les Hommes et les Femmes Armés
4. Fanfare pour le Carrousel Royal

Aria «Lascia ch'io pianga» Georg Friedrich Haendel
Petite Musique de Nuit : Menuet et Finale Wolfgang Amadeus Mozart

_ 프랑수아 올랑드 주최 카를 16세 스웨덴 국왕과 실비아 여왕 내외 환영 엘리제궁 연회. 2014년 12월 2일.

반기문 유엔 사무총장, 프랑수아 올랑드와 만나다

Le secrétaire général de l'ONU, Ban Ki-moon, rencontre François Hollande

–

2015년 8월 25일

두 지도자는 그해 12월 파리에서 개최될 예정인 차기 기후 정상회담 준비를 주제로 회동을 가졌고 '야심찬 결과를 보장하기 위한 조치'에 대해 의견을 나누었다고 유엔 사무총장 대변인이 발표했다. 또한 "기후 변화에 있어 국가원수와 정부 대표들이 다각적인 방법으로 개입하는 것이 얼마나 중요한지에 대해 강조했다."라고 덧붙였다. 프랑스는 로랑 파비위스(Laurent Fabius)를 의장으로 하는 COP21(유엔기후변화협약 당사국총회)을 2015년 11월 30일부터 12월 12일까지 개최하게 되었다. "지구를 보존하자, 인간을 보호하자"라는 슬로건 하에 열린 이 회의에서 195개의 참가국들은 온난화로 인한 기후 재앙을 방지하기 위해 지구 평균온도 상승 폭을 2℃ 이내로 낮게 유지하자는 결론에 합의했다. 이 역사적 행사에서 프랑수아 올랑드 대통령은 "여러분들이 해냈습니다. 여러분들이 성공한 것입니다. 6년 전에는 실패했었던 일입니다."라고 환영사를 전했다.

주방에서 일하고 있는 리오넬 베이예(Lionel Veillet, 우)와 파트릭 그라사르(Patrick Grassard, 좌).

8인분
준비 : 50분
조리 : 20분

재료
- 랍스터 (암컷 700~800g짜리) 4마리
- 필로(filo) 페이스트리 시트 1팩
- 달걀노른자 1개분
- 마요네즈(p.218 레시피 참조) 125g
- 당근 6개
- 중간 크기 둥근 황색 순무 4개
- 셀러리악 1/2개
- 스노피 또는 그린빈스 또는 완두콩 150g
- 이탈리안 파슬리 1단
- 고수 1단
- 처빌 1단
- 생강 1쪽
- 소금, 에스플레트 고춧가루

나주(nage)
- 물 2리터
- 드라이 화이트와인 1리터
- 생선 육수 1리터
- 화이트 식초 300g
- 당근 2개
- 양파 3개
- 샬롯 2개
- 부케가르니 1개
- 굵은 소금 40g
- 흰 통후추 1테이블스푼

즐레(gelée)
- 달걀흰자 6개분
- 흰 생선살 300g
- 토마토 큰 것 1개
- 당근 1개
- 판 젤라틴 28g (골드 블룸 14장)

소스
- 마요네즈 125g
- 꿀 40g
- 프로마주 블랑 100g
- 비스크(랍스터 머리를 사용해 만든다) 200ml
- 레몬 1개
- 처빌
- 소금, 에스플레트 고춧가루

아삭하게 익힌 채소와 랍스터 타르틀레트

SALADE DE HOMARD EN TARTE FINE DE LÉGUMES CROQUANTS

1. 채소 준비하기

나주(nage 익힘액)에 넣을 양파, 샬롯, 당근을 씻어 껍질을 벗긴다. 작게 깍둑 썬다.
당근, 순무, 셀러리악을 씻어 껍질을 벗긴 다음 가늘게 채썬다.
스노우피 또는 그린빈스를 마세두안 또는 작은 원통형으로 썬다.
봄철에는 햇 완두콩을 사용하면 좋다. 이탈리안 파슬리와 고수를 잘게 썬다.

2. 랍스터 준비하기

랍스터를 솔로 문질러 닦고 깨끗이 씻은 다음 두 마리를 머리와 꼬리가 엇갈리도록 놓고 주방용 실로 묶어준다. 이렇게 묶어두면 익힐 때 곧은 형태를 유지할 수 있다.
큰 냄비에 나주용 재료를 모두 넣고 끓을 때까지 가열한다. 끓어오를 때 거품을 꼼꼼히 건진 뒤 30분 정도 끓인다. 체에 거른다.

3. 채소 익히기

끓는 소금물에 녹색 채소를 넣고 삶아 데친 다음 바로 얼음물에 넣어 식힌다.
다른 채소들은 소테팬에 올리브오일을 달군 뒤 각각 따로 볶는다. 채소가 나른하게 익되 아직 살캉한 식감이 남아 있을 때까지만 볶는다. 채소마다 익히는 시간이 다르므로 따로 볶아야 각 채소의 식감을 살릴 수 있다.

4. 랍스터 익히기, 즐레 만들기

체에 거른 나주를 다시 끓인 다음 랍스터를 넣고 14분간 삶는다. 불을 줄이지 말고 세게 유지한다. 랍스터가 물을 머금으면 살이 물러질 수 있다.
익으면 건져서 칼끝으로 머리 아래쪽 다리 사이를 찔러 물이 살에 스며들지 않도록 빼준다.
랍스터 삶은 나주 국물 1.5리터를 달걀흰자와 생선살을 이용해 맑게 정화(clarification)한다. 우선 생선 흰살, 토마토, 당근을 블렌더로 간 다음 달걀흰자를 풀어 섞어준다. 이 혼합물을 나주 1.5리터 안에 넣고 끓인다. 불을 줄인 뒤 건더기가 표면에 떠오를 때를 기다린다. 작은 국자로 건더기 중앙에 구멍을 낸 다음 안의 국물을 떠 건더기 표면으로 부으며 통과시킨다. 약 30분간 이 작업을 계속한다. 국물이 끓지 않도록 주의한다. 이 과정을 거치는 동안 국물은 점점 맑아지게 되어 마지막에는 불순물이 없는 깨끗한 상태로 정화된다.
맑게 정화된 이 국물 500ml를 덜어낸다. 미리 찬물에 담가 말랑하게 풀어준 판 젤라틴 14장을 꼭 짜서 국물에 넣고 잘 저어 녹인다.

Déjeuner

offert par

Monsieur François Hollande
Président de la République

en l'honneur

Son Excellence
Monsieur Ban Ki-moon
Secrétaire Général des Nations Unies

Mardi 25 août 2015

5. 타르틀레트 시트 굽기

필로 페이스트리 시트에 한 장 한 장 달걀물을 발라준 다음 두 장씩 붙여놓는다. 오븐팬에 지름 8cm 타르트 링을 놓고 여기에 페이스트리 시트를 구기듯이 넣어 깔아준다. 이렇게 총 8개의 타르틀레트 시트를 각각 링에 앉힌다. 180℃ 오븐에서 약 10분 정도 굽는다.

6. 랍스터 메다이용 준비하기

랍스터 테일의 아래쪽을 작은 가위로 잘라 살이 부서지지 않도록 조심스럽게 꺼낸다. 랍스터 머리의 내장은 소스용 비스크를 만들 때 사용한다. 랍스터 살을 도톰한 메다이용으로 잘라 망 위에 얹어놓는다. 각 조각마다 처빌 잎을 한 장씩 올려 장식한다. 즐레를 끼얹어 씌운다. 냉기에 증발될 수 있으니 두 겹으로 씌워주는 게 좋다.
랍스터 다리와 집게발의 껍질을 제거하고 살을 발라낸 다음 굵직하게 다진다. 냉장고에 보관한다.

7. 소스 만들기

마요네즈에 꿀, 프로마주 블랑, 랍스터 머리를 끓여 만든 비스크를 넣고 잘 섞는다. 레몬즙 한 개 분을 넣은 뒤 남은 처빌을 잘게 다져 넣는다. 간을 한 다음 냉장고에 보관한다.

8. 플레이팅

서빙 바로 전, 굵직하게 다져둔 랍스터 살과 채소를 볼에 담는다. 마요네즈, 잘게 썬 허브, 가늘게 썬 생강, 소금, 에스플레트 고춧가루를 넣고 살살 섞어준다.
고루 섞은 뒤 이 샐러드를 타르틀레트 시트 안에 넣어 채운다. 그 위에 즐레를 씌운 랍스터 살 메다이용을 얹어 바로 서빙한다.

일반적으로 중앙에 랍스터 벨 뷔를 한 마리 놓고 타르틀레트를 빙 둘러놓아 장식한다.
필로 페이스트리로 구워낸 타르트 셸 위에 랍스터를 올려 내는 것은 큰 서빙 플레이트에 한꺼번에 내는 프랑스식 서빙 방식에 적합하기 때문이다. 만일 개인별로 접시에 플레이팅 하는 경우에는 페이스트리 셸을 생략해 더 담백하고 가벼운 요리로 완성할 수 있다.

_ 반기문 유엔 사무총장, 프랑수아 올랑드와 만나다. 2015년 8월 25일.

Déjeuner

offert par

Monsieur François Hollande

Président de la République française

Monsieur Laurent Fabius

Président de la COP21

en l'honneur

Chefs d'Etat et de Gouvernement

COP21 - Le Bourget

Lundi 30 novem

COP21 유엔 기후변화협약 당사자 총회 정상 오찬

Déjeuner offert au Bourget en l'honneur des chefs d'État et de gouvernement, à l'occasion de la COP21, « 21e conférence des parties »

—

2015년 11월 30일

1992년 리우데자네이루에서 유엔 기후변화협약이 채택되었고 1994년부터 실효에 돌입했다. 그 이후 당사국 총회는 계속 이어졌다. 그중 몇몇은 실패로 돌아갔으며, 1997년 교토 회의 등 몇몇은 주목할 만한 성과를 거두었다. 2002년 요하네스버그에서 열린 세계환경정상회의에서 자크 시라크 대통령은 "집이 불타고 있는데 우리는 딴 데를 보고 있습니다."라고 경종의 신호를 울렸다. 2007년 니콜라 사르코지 대통령은 중앙정부, 지방정부, 기업, 노조, 시민단체 등 모든 이해당사자가 참여해 기후 변화·에너지 정책을 논의하는 '환경그르넬(Grenelle de l'environnement)' 환경포럼을 런칭했다. 2015년 COP15 회의는 하나의 기준이 되었다.
르노트르 크리에이션 디렉터 기 크렌제르(Guy Krenzer)가 총괄하고 기욤 고메즈(Guillaume Gomez) 엘리제궁 수석 셰프와 티에리 샤리에(Thierry Charrier) 프랑스 외무성 총주방장이 협업 기획한 11월 30일의 오찬은 다섯 명의 유명 셰프들이 함께 준비했다. 수프(soupe Fréneuse)를 담당한 야닉 알레노(Yannick Alléno), 닭 가슴살(suprême de volaille) 요리를 만든 알렉상드르 고티에(Alexandre Gauthier), 닭 다리를 채운 브레이즈드 셀러리(céleri braisé farci d'une cuisse de volaille)를 선보인 니콜라 마스(Nicolas Masse), 치즈와 샐러드를 준비한 마크 베라(Marc Veyrat), 디저트를 담당한 크리스텔 브뤼아(Christelle Brua)가 그 주인공들이다.

8인분
준비 : 1시간
조리 : 40분

재료

슈 반죽
- 우유 500g
- 물 500g
- 소금 16g
- 버터 440g
- 밀가루 560g
- 달걀 16개
- 설탕 10g

프랄리네 크림
- 생크림 1리터
- 마스카르포네 500g
- 슈거파우더 100g
- 바닐라 빈 1줄기
- 피칸 프랄리네 500g
- 잘게 부순 캐러멜
- 초콜릿 펄

크라클랭 (craquelin)
- 버터 100g
- 비정제 황설탕 100g
- 밀가루 100g

시트러스 과일 콩포트
- 시트러스 과일 100g
- 설탕 250g
- 바닐라 빈 6줄기
- 꿀 3테이블스푼
- 펙틴 6g
- 식용 금박

시트러스 콩포트와 프랄리네 크림을 채운 파리 브레스트

PARIS-BREST, COMPOTÉE D'AGRUMES CRÈME LÉGÉRE PRALINÉ

1. 크라클랭 만들기
상온에 두어 포마드처럼 부드러워진 버터와 황설탕, 밀가루를 볼에 넣고 전동 믹서 또는 거품기로 휘저어 섞는다. 두 장의 유산지 사이에 반죽을 펼쳐 놓는다. 냉동실에 1시간 동안 넣어둔다. 슈 사이즈에 맞춰 24개의 원형으로 잘라낸다.

2. 슈 반죽 만들기
냄비에 우유, 물, 소금, 설탕 버터를 넣고 가열한다. 체에 친 밀가루를 넣고 다시 불에 올린 뒤 세게 저어 섞으며 수분을 날린다. 원하는 농도가 될 때까지 가열한 다음 불에서 내려 한 김 식힌다. 달걀을 한 개씩 넣어가며 잘 섞는다. 랩을 씌워 냉장고에 넣어둔다.
슈 반죽을 짤주머니에 넣고 오븐팬 위에 지름 1.5cm 동그란 슈 3개를 길게 이어 붙인 형태의 에클레어 8개를 짜 놓는다. 동그란 슈 위에 각각 크라클랭을 한 장씩 얹어준다.
슈거파우더를 솔솔 뿌린 다음 150℃ 오븐에 넣어 30분간 굽는다.
오븐을 끄고 수분을 날린다.

3. 피칸 프랄리네 크림 만들기
믹싱볼에 생크림, 마스카르포네, 슈거파우더, 바닐라빈을 넣고 거품기로 휘핑한다. 단단하게 휘핑한 다음 피칸 프랄리네를 넣고 거품이 꺼지지 않도록 주의하며 알뜰주걱으로 살살 섞는다. 원형 깍지를 끼운 짤주머니에 크림을 채운다.

4. 시트러스 콩포트 만들기
시트러스 과일의 껍질을 벗긴 뒤 냄비에 설탕, 꿀, 펙틴, 길게 갈라 긁은 바닐라빈과 함께 넣는다. 중간중간 잘 섞어주면서 약불로 뭉근히 끓인다. 충분히 익으면 식힌 다음 블렌더로 갈아준다.

5. 조립 및 완성하기
에클레르 모양의 파리 브레스트를 가로로 반 잘라 열어준다. 시트러스 과일 콩포트를 조금 깔아준 다음 깍지를 끼운 짤주머니를 이용해 피칸 프랄리네 크림을 2.5cm 높이 돔 형태로 짜준다. 잘게 부순 피칸과 캐러멜을 전체에 고루 뿌린다.
가로로 잘라두었던 파리 브레스트의 뚜껑을 다시 덮어준다. 중앙의 슈 위에 금박을 장식한다. 양쪽 끝에도 금박을 조금 얹어 장식한다.
뚜껑을 덮은 뒤 슈거파우더를 솔솔 뿌린다. 냉장고에 잠시 넣어두었다가 서빙한다.

Soupe Fréneuse moderne
et coquilles Saint - Jacques à la vapeur florale

Volaille de Licques au blé vert,
confit de céleri farci, crème d'épinards persillée

Organic du Mont Blanc

Le Paris-Brest, compotée d'agrumes crème légère pralinée

Jus de fruits
Meursault 1er Cru «Santenots» 2011, Domaine Marquis d'Angerville
Château Beychevelle 2009 (Saint Julien 4ème Grand Cru Classé)
Champagne Philipponnat «Cuvée 1522» 2006

_ COP21 유엔 기후변화협약 당사자 총회 정상 오찬. 부르제(Bourget), 2015년 11월 30일.

RF
Présidence de la République

에마뉘엘 마크롱, 앙겔라 메르켈과 마리아노 라호이, 파올로 젠틸로니를 맞이하다

Emmanuel Macron reçoit Angela Merkel, Mariano Rajoy et Paolo Gentiloni

–

2017년 8월 27일

이 국가 정상들은 당일 개최된 이민 위기에 관한 정상회담 이후 엘리제궁 만찬을 위해 다시 만났다. 차드 대통령, 니제르 대통령, 리비아 국가협약 정부 수장, 유럽연합 외교안보 대표 또한 국가 간 긴장의 원인이 되는 이 인류의 비극에 관한 결정과 운용을 조화롭게 해나가기 위해 개최된 이번 정상회담에 참여했다. 독일, 스페인, 이탈리아 정부 수장들은 이어서 에마뉘엘 마크롱 대통령의 초청을 받아 엘리제궁으로 향했다. 이 월요일 만찬에서 마크롱 대통령은 사흘 전 스페인 바르셀로나 람블라 거리와 캄브릴스 해변에서 발생한 테러 사건을 상기하며 테러와의 전쟁을 강조했다.

8인분
준비 : 15분
조리 : 60~90분

재료
- 브레스 닭 2마리
- 양파 1개
- 샬롯 1개
- 마늘 2톨
- 오리 기름 50g
- 타임, 월계수 잎
- 식용유
- 소금, 후추

보나식 감자 갈레트
- 감자 500g
- 밀가루 125g
- 더블크림 80g
- 달걀 3개
- 달걀흰자 4개분
- 소금, 후추

브레스 치킨 로스트와 보나식 감자 갈레트

VOLAILLE DE BRESSE À LA BROCHE ET GALETTES VONNASSIENNES

1. 닭 손질하기

닭의 내장을 빼낸 다음 안쪽을 깨끗이 닦는다. 염통, 간, 모래주머니 등 식용 가능한 내장은 닦아서 따로 보관한다. 머리를 잘라내고 다리의 힘줄을 꺼낸다. 발은 잘라낸다. 토치로 그슬려 남아 있는 솜털과 깃털 자국을 모두 제거한다. 살을 자르지 않도록 주의하면서 목 껍질을 조심스럽게 분리해 들어낸 다음 용골뼈를 제거한다.
용골뼈는 가슴 앞쪽 상부에 위치한 V자 모양의 작은 뼈다. 익히기 전 이 뼈를 제거하면 가슴살이 더 쫀쫀해지며 익힌 후 커팅이 더 용이하다.

2. 닭 실로 묶기

양파, 샬롯, 마늘의 껍질을 벗긴다. 닭 배 속에 각각 양파 반 개, 샬롯 반 개, 마늘 한 톨, 내장, 오리 기름 25g씩을 채워 넣은 뒤 월계수 잎 반 장과 타임 몇 줄기를 넣어준다.
안쪽에 소금, 후추로 간을 한 다음 주방용 실과 바늘을 이용해 로스트용으로 묶어준다.

3. 닭 익히기

오븐 로스터리 봉에 닭을 꿰어준 다음 무게에 따라 1시간~1시간 20분 정도 굽는다.
특히 닭 표면에 후추를 뿌리지 않도록 주의한다. 익으면서 탈 염려가 있다.
닭이 익으면 꼬챙이를 뺀 다음 가슴 쪽이 아래로, 발이 위로 오도록 놓고 레스팅한다. 40분 정도 레스팅 한 다음 부위별로 자른다. 레스팅하는 동안 알루미늄 포일로 덮어 식는 것을 방지한다.

Château Suduiraut 1996 (Sauternes 1er Grand Cru Classé)
Château Léoville Las Cases 1999 (Saint-Julien 2ème Grand Cru Classé)
Champagne Alfred Gratien «Cuvée Paradis» 2006

Fois gras aux épices et figues au Banyuls

Volaille de Bresse à la broche et galette vonnassienne

Légumes d'Ile-de-France au romarin de Parc

Fromages

Autour du chocolat

4. 감자 반죽 혼합물 만들기

닭이 익는 동안 감자의 껍질을 벗긴 뒤 찜기에 넣고 증기로 찐다.
감자를 물에 담가 삶으면 수분을 먹어 이 레시피에 사용하기에 적합하지 않으니 주의한다.
감자를 퓌레로 으깬 다음 밀가루, 달걀, 달걀흰자, 더블크림을 넣고 잘 섞는다. 간을 한다.

5. 감자 갈레트 굽기

팬에 버터를 조금 달군 뒤 감자 혼합물을 조금씩 떠 넣어 부친다. 사이사이 간격을 두고 작은 전병처럼 부친다. 노릇한 색이 나도록 몇 분간 익힌 뒤 뒤집는다.

6. 플레이팅

닭을 8토막으로 자른다. 닭 넓적다리의 뼈는 제거하고 끝의 손잡이 뼈는 드러나도록 한다. 골반뼈 움푹한 곳의 작은 살은 잘 보존한다.
서빙 플레이트 중앙에 로스트 치킨을 놓은 뒤 무아니 쉬르 에콜(Moigny-sur-École)산 크레송 다발을 곁들이고 보나식 감자 갈레트를 빙 둘러 담아 낸다.
이 레시피는 프랑스의 유명 셰프 조르주 블랑의 레시피에서 영감을 얻어 만들어졌다.

_ 에마뉘엘 마크롱, 앙겔라 메르켈과 마리아노 라호이, 파올로 젠틸로니를 맞이하다. 2017년 8월 28일.

L.P.
FONTAINEBLEAU
1845
5
P B

에마뉘엘 마크롱,
버락 오바마 전 미국 대통령을
'개인 자격으로' 맞이하다

Emmanuel Macron reçoit « à titre privé » l'ancien président des États-Unis, Barack Obama

–

2017년 12월 2일

강연을 위해 파리를 방문한 버락 오바마 전 미국 대통령은 엘리제궁에서 에마뉘엘 마크롱 대통령과 개인적인 오찬을 가졌다. 이 두 사람은 오랫동안 전화로 소통해왔으나 직접 만나는 것은 이번이 처음이었다. 미국의 제44대 대통령은 이번 프랑스 방문 중 특히 기후 위기에 관한 주제를 비롯해 여러 모임에 참석했다.

8인분
준비 : 50분
조리 : 20분

재료
- 송아지 촙(뼈등심 각 500g) 4개
- 포르치니 버섯 400g
- 꾀꼬리버섯(지롤) 400g
- 느타리버섯 400g
- 뿔나팔버섯 250g
- 익힌 밤 200g
- 소금, 후추
- 훈제 베이컨 75g
- 샬롯 100g
- 양파 150g
- 당근 100g
- 마늘 2톨
- 무염 버터 150g
- 세이지 잎 2장
- 타임, 월계수잎
- 카놀라유 약간
- 이탈리안 파슬리
- 화이트와인 100ml

가을 제철 버섯을 곁들인 송아지 촙

CÔTE DE VEAU AUX CHAMPIGNONS D'AUTOMNE

1. 송아지 촙 준비하기

뼈가 붙은 송아지 촙(뼈가 붙어 있는 등심)의 힘줄과 기름을 대충 제거한다. 손잡이 뼈는 깨끗하게 긁어 다듬는다. 원래 모양을 그대로 살리면서 주방용 실로 묶어준다.

2. 송아지 육즙 소스 만들기

송아지 촙을 다듬고 남은 자투리 고기를 잘게 썬다.
당근, 양파, 마늘을 씻어 껍질을 벗긴 뒤 깍둑 썬다.
코코트 냄비에 올리브오일을 달군 뒤 고기를 넣고 색이 나게 지진다.
고기를 건져낸 뒤 그 냄비에 깍둑 썬 채소를 넣고 볶는다. 마늘 한 톨을 껍질째 첨가하고 버터를 한 조각 넣어준다.
체에 건져낸다.
고기와 채소를 다시 냄비에 넣고 재료 위로 1cm 정도 올라오도록 물을 붓는다. 부케가르니를 넣는다. 약하게 1시간을 끓인 뒤 불을 끄고 20분간 그대로 둔다. 체에 거른다.
거른 소스를 다시 작은 냄비에 넣고 3분의 2가 되도록 졸인다. 시럽 농도가 되어야 한다.
간을 맞춘다.

3. 버섯 준비하기

버섯용 솔이나 젖은 면포를 이용해 포르치니 버섯을 조심스럽게 닦아 흙을 꼼꼼히 제거한다. 밑동에 흙이 묻어 있는 부분은 살살 긁어 제거한다.
버섯을 길이로 반 자른다.
지롤버섯과 뿔나팔버섯, 느타리버섯도 모두 밑동을 살살 긁어 흙을 제거한 다음 흐르는 물에 재빨리 헹궈낸다. 지롤버섯은 너무 크면 반으로 자른다.
버섯을 초벌로 익힌다. 우선 팬에 기름을 조금 넣고 버터를 첨가한 다음 버섯들을 각기 따로 볶는다. 건져둔다.

4. 송아지 촙 익히기

송아지 촙에 소금, 후추를 뿌려 간한다. 소테팬에 카놀라유를 뜨겁게 달군 뒤 고기를 넣고 8분간 익혀 모든 면에 고루 색이 나도록 한다.
이어서 버터, 마늘, 베이컨, 세이지를 넣고 불을 줄인 다음 10~15분간 더 익힌다.
고기에 기름을 계속 끼얹어가며 살이 연하고 육즙이 촉촉하게 익도록 한다.
고기를 건져내 망 위에 놓고 10~12분간 레스팅한다. 중간중간 뒤집어 놓는다.
소테팬의 기름을 덜어낸 다음 화이트와인과 물을 넣어 디글레이즈한다. 팬 바닥에 눌어붙은 육즙을 긁어준다. 이것을 송아지 육즙 소스에 넣어 섞어준다.

5. 버섯 조리 완성하기

송아지를 익힌 소테팬에 버터를 한 조각 넣고 잘게 썬 샬롯을 볶는다.
여기에 한 번 익혀둔 버섯들과 마늘을 넣고 간을 맞춘다.
쓴맛이 날 수 있으니 버섯의 색이 너무 진해지지 않도록 센 불에서 재빨리 볶는다.
밤과 잘게 썬 이탈리안 파슬리를 넣어준다.

6. 플레이팅

송아지 촙을 다시 소테팬에 바삭하게 데운 뒤 건져서 살 부분만 잘라낸다. 버섯과 송아지 육즙 소스도 데운다.
서빙 플레이트에 버섯 가니시를 동그랗게 놓고 송아지 육즙 소스에 윤기나게 살짝 졸인 밤 몇 개와 이탈리안 파슬리를 놓는다. 세이지 잎 2~3장을 튀겨서 곁들이면 더욱 좋다.
송아지 고기를 도톰하게 잘라 버섯 주위에 빙 둘러놓는다. 촙의 뼈는 깨끗이 닦고 윤기나게 소스를 바른 다음 장식용으로 함께 배치한다. 육즙 소스는 따로 용기에 담아 서빙한다.

_ 에마뉘엘 마크롱 대통령, 버락 오바마 전 미국 대통령을 '개인 자격으로' 맞이하다. 2017년 12월 2일.

8인분
준비 : 15분
조리 : 5분
휴지 : 4시간

재료
- 오렌지 3개
- 자몽 2개
- 라임 1개
- 오렌지 착즙 주스 500ml
- 자몽 착즙 주스 500ml
- 꿀 30g
- 판 젤라틴 28g (골드 블룸 14장)

시트러스 과일 테린

TERRINE D'AGRUMES ACIDULÉS

1. 과일 준비하기, 즐레 만들기

찬물에 판 젤라틴을 담가 말랑하게 풀어준다. 과일을 씻은 뒤 오렌지와 자몽을 칼로 속껍질까지 한 번에 잘라 벗긴다. 씨를 제거하며 과육만 세그먼트로 잘라낸다. 과육 세그먼트에 꿀과 라임 제스트를 넣어 재운다. 오렌지와 자몽 주스를 착즙한다(당도가 너무 높은 공산품 주스는 사용하지 않는다). 두 종류의 주스를 합한 다음 그중 3분의 1을 뜨겁게 데운다. 찬물에 불려둔 젤라틴을 꼭 짜서 뜨거운 주스에 넣고 잘 저어 녹인다. 체에 거르면서 나머지 주스에 넣고 섞는다.

2. 테린 조립하기

파운드케이크 틀이나 테린 틀의 바닥과 안쪽 벽에 랩을 팽팽하게 깔아준다. 오렌지와 자몽 과육 세그먼트를 교대로 채워넣는다. 즐레로 덮어준 뒤 냉장고에 최소 4시간 동안 넣어 굳힌다.

3. 자르기, 플레이팅

과일 테린을 틀에서 꺼낸 뒤 뜨거운 물에 날을 잠시 담가 살짝 데운 칼로 깔끔하게 슬라이스한다. 사블레나 피낭시에 등의 구움과자를 곁들여 서빙한다.

이 레시피는 프랑스의 유명 셰프 기 사부아(Guy Savoy)의 레시피에서 영감을 얻어 만들어졌다.

Déjeuner

offert par

Monsieur Emmanuel Macron
Président de la République

en l'honneur de

Monsieur Barack Obama
Ancien Président des Etats-Unis d'Amérique

Samedi 2 décembre 2017

_ 에마뉘엘 마크롱, 버락 오바마 전 미국 대통령을 '개인 자격으로' 맞이하다. 2017년 12월 2일.

Déjeuner

offert par

Monsieur le Président de la République
et Madame Brigitte Macron

en l'honneur de

Son Excellence Monsieur Donald Trump
Président des Etats-Unis d'Amérique
et Madame Melania Trump

Samedi 10 novembre 2018

도널드 트럼프 대통령과 멜라니아 여사 환영 엘리제궁 연회

Réception à l'Élysée
du président Donald Trump et de son épouse Melania

—

2018년 11월 10일

제1차 세계대전 종전 100주년 기념행사에 참석하기 위해 프랑스를 방문한 도널드 트럼프 미국 대통령에게는 바쁜 일정이 기다리고 있었다. 에마뉘엘 마크롱 대통령 집무실에서의 단독 회담을 마친 후 양국 정상은 배우자 동반으로 공식 오찬에서 다시 만났다. 최고 주방장 클럽(Club des Chefs des Chefs)의 일원이기도 한 백악관 주방장을 통해 미국 대통령의 식성을 면밀히 파악했고 그 결과 트럼프 대통령에게 서빙할 메뉴는 비고르(Bigorre)산 흑돼지로 결정되었다. 식사를 마치고 매우 흡족해한 트럼프 대통령은 "대단히 훌륭했다(It was amazing!)"라고 찬사를 보냈다. 행사에 참석한 모든 국가 정상들은 이날 저녁 외무성에서 열린 만찬에 참가했고 샹젤리제 개선문 추모식 행사는 다음 날 아침에 거행되었다.

8인분
준비 : 45분
마리네이드 : 12시간
조리 : 2시간

재료
- 비고르 흑돼지 더블 촙(각 300g) 덩어리 4개
- 비고르 흑돼지 등갈비(15~18cm 짜리) 4대
- 마늘 4톨
- 토마토 콩카세 250g
- 꿀 50g + 50g
- 아르마냑 100ml
- 닭 육수 1리터
- 생강 한 톨
- 바닐라 빈 1줄기
- 타임, 마늘
- 낙화생유
- 버터 또는 돼지기름 (라드)
- 소금, 에스플레트 고춧가루

비고르 흑돼지 촙, 등갈비 콩피

CÔTES ET TRAVERS DE PORC NOIR DE BIGORRE CONFITS

1. 돼지 촙, 등갈비 준비하기

돼지 촙(뼈가 붙어 있는 등심)을 깨끗이 닦고 뼈에 붙은 껍질 막을 제거한다. 고기에 식용유 약간, 타임, 껍질째 살짝 짓이긴 마늘 2톨을 넣고 재운다. 굵은 소금으로 간을 한다.
등갈비 덩어리의 윗부분 지방이 너무 두꺼우면 조금 잘라낸 다음 격자무늬로 칼집을 내준다. 다른 용기에 강판에 간 생강, 꿀 분량의 반(50g), 길게 갈라 긁은 바닐라 빈, 타임, 아르마냑을 넣고 등갈비를 재운다. 굵은 소금으로 간한다.
전부 최소 12시간 동안 재운다.

2. 돼지 등갈비 익히기

재워둔 등갈비의 양념을 최대한 훑어내며 건진다. 재웠던 양념은 따로 보관한다. 높이가 있는 소테팬이나 바닥이 두꺼운 코코트 냄비를 뜨겁게 달군 뒤 등갈비를 센 불에서 재빨리 지져 노릇하게 색을 낸다. 타지 않도록 주의한다.
재워두었던 양념과 닭 육수를 부어준다. 간은 추가로 하지 않는다.
끓을 때까지 가열하고 거품을 건져낸다. 뚜껑을 덮고 약하게 끓는 상태로 2시간 동안 익힌다.

3. 돼지 촙 익히기

소테팬이나 코코트 냄비를 뜨겁게 달군 뒤 버터 또는 돼지기름(라드)을 넣는다. 돼지 촙을 넣고 각 면에 고루 색이 나도록 지진다. 불을 줄이고 버터 또는 라드를 끼얹어주면서 익힌다.
마늘을 껍질째 넣고 타임을 넣어준다. 계속 기름을 끼얹어주면서 20분 정도 익힌다.

4. 돼지 등갈비 윤기나게 익히기

돼지 촙이 익는 동안 등갈비를 냄비에서 건져 오븐용 팬에 넣는다. 익힌 국물을 체에 걸러 분량의 반 정도를 넣어준다. 토마토 콩카세(껍질을 벗기고 속과 씨를 제거한 뒤 과육만 깍둑 썬 토마토) 250g을 넣는다. 꿀 50g을 추가한 다음 180°C로 예열한 오븐에 넣어 30분 동안 윤기나게 익힌다. 고기가 타지 않도록 중간중간 익힌 국물을 조금씩 보충해준다.

5. 플레이팅

흑돼지 촙의 뼈를 잘라내고 살을 각각 4조각으로 썬다. 등갈비도 뼈를 따라 하나씩 잘라준다. 서빙 플레이트에 두 가지 고기를 보기 좋게 담는다. 익힌 양념 국물과 오븐에 익힌 양념 소스는 따로 용기에 담아 서빙한다.

6인분
준비 : 15분
조리 : 15분

재료
- 감자 큰 것 8개 (belle de Neuilly 또는 belle de Fontenay 품종)
- 튀김용 기름
- 소금

뇌이유 감자채 튀김

BELLE DE NEUILLY FAÇON "PAILLE"

1. 감자 껍질 벗기기

감자의 껍질을 벗긴 뒤 물에 담그지 말고 가볍게 헹궈낸다.

감자 품종의 선택이 가장 중요하다. 노란색을 띠고 있으며 살이 단단한 감자 그리고 가능하면 재래 품종의 감자를 고른다. 큰 사이즈의 감자가 좋으며 멍 자국이 없는 것을 선택한다.

2. 감자 가늘게 썰기

감자의 껍질을 꼼꼼히 벗긴 뒤 채칼 또는 칼로 가늘게 채썬다(paille 모양). 일정한 굵기로 썰어야 고르게 익힐 수 있다.

채썬 감자를 재빨리 씻은 뒤 물기를 꼼꼼히 제거한다.

감자채를 물에 담가두면 수분을 머금게 되고 바삭하게 튀기기 전에 색이 갈변할 수 있으니 주의한다.

3. 익히기

175°C로 가열한 튀김기름에 가늘게 썬 감자를 넣고 서로 붙어 뭉치지 않도록 잘 저어가며 튀긴다. 몇 분간 튀겨 감자가 나른하게 익고 색이 진하게 나지 않는 상태가 되면 건져낸다.

기름의 온도를 190°C로 올린 다음 감자를 바로 다시 넣고 튀긴다.

노릇하게 튀긴 감자를 건져낸 다음 소금을 뿌린다. 냅킨을 접어 올린 접시에 담아 서빙한다.

_ 도널드 트럼프 대통령과 멜라니아 여사 환영 엘리제궁 연회. 2018년 11월 10일.

6/8인분
준비 : 40분
조리 : 20분

재료
- 달걀흰자 250g

밀가루 없이 만드는 초콜릿 비스퀴
- 설탕 300g
- 달걀노른자 185g
- 코코아가루 4g

크레뫼(crémeux)
- 생크림 250g
- 우유 250g
- 달걀노른자 100g
- 설탕 50g
- 카카오 70% 다크초콜릿 240g

스트뢰이젤 (streusel)
- 버터 60g
- 비정제 황설탕 60g
- 아몬드가루 70g
- 밀가루 45g
- 코코아가루 10g
- 소금 1꼬집

크렘 브륄레 (crème brulée)
- 우유 300g
- 설탕 65g
- 카카오 70% 다크초콜릿 180g
- 액상 생크림 310g
- 달걀노른자 120g

샹티이 크림 (chantilly)
- 액상 생크림 500g
- 설탕 70g
- 카카오 70% 다크초콜릿 460g
- 액상 생크림 650g

초콜릿 타르트

FINE BARRETTE CHOCOLAT INTENSE

1. 초콜릿 비스퀴(스펀지 시트) 만들기

달걀흰자에 설탕을 넣어가며 거품을 올린다. 여기에 달걀노른자를 넣고 이어서 체에 친 코코아가루를 넣고 잘 섞는다.
20cm x 30cm 크기의 베이킹 팬에 반죽을 펼쳐 놓는다. 185℃ 오븐에서 12분간 굽는다.

2. 크렘 브륄레 만들기

소스팬에 우유와 설탕을 넣고 가열한다. 우유가 끓기 시작하면 불에서 내린 뒤 잘게 다진 초콜릿에 붓는다. 차가운 생크림을 넣고 잘 섞은 뒤 달걀노른자를 넣어준다.
적당한 용기에 높이가 약 0.5cm 정도 되도록 혼합물을 부어 채운 뒤 85℃에서 35분간 익힌다. 냉동실에 넣어둔다.

3. 초콜릿 크레뫼 만들기

소스팬에 우유와 생크림을 넣고 가열한다. 유리볼에 달걀노른자와 설탕을 넣고 거품기로 저어 섞는다. 두 혼합물을 합한 뒤 85℃까지 가열해 주걱에 묻을 정도의 농도가 될 때까지 익힌다.
불에서 내린 뒤 혼합물을 잘게 다진 초콜릿 위에 붓는다. 휘핑한 생크림(25~30℃)을 넣고 살살 섞어준다.

4. 스트뢰이젤 만들기

전동 스탠드 믹서 볼에 재료를 모두 넣고 플랫비터를 돌려 섞는다.
반죽 혼합물을 덜어낸 뒤 2mm 두께로 밀어 편 다음 150℃ 오븐에서 20분간 굽는다.
반쯤 익었을 때 12cm x 3cm 크기의 직사각형으로 자른다.

5. 초콜릿 샹티이크림 만들기

생크림 분량의 반과 설탕을 소스팬에 넣고 가열한다. 잘게 다진 초콜릿을 넣고 잘 녹여 섞는다. 나머지 생크림을 거품기로 휘핑한 다음 혼합물에 넣고 살살 섞어준다.

6. 완성하기

접시에 직사각형 스트뢰이젤을 한 조각 놓고 그 위에 냉동실에 얼린 크렘 브륄레를 같은 사이즈로 잘라 얹는다. 그 위에 초콜릿 비스퀴를 같은 사이즈로 잘라 덮어준다. 초콜릿 크레뫼와 샹티이 크림을 짤주머니로 짜 얹어준다.

엘리제궁 현관 계단에서 공화국 근위대에 둘러싸인 에마뉘엘 마크롱 대통령과 영부인 브리지트 여사

_ 도널드 트럼프 대통령과 멜라니아 여사 환영 엘리제궁 연회. 2018년 11월 10일.

모든 것은 어떻게 작업하느냐의 문제이며
내게 있어 가장 아름다운 솜씨 중 하나는
간을 잘 맞추는 일이다.
손가락 끝으로 만들어내는 이 작업은 가장 중요한 일이며
요리의 시그니처이다.
촉감은 기본적인 것이다.

폴 보퀴즈(Paul Bocuse)
'르 피가로(Le Figaro)' 인터뷰 중에서. 프랑수아 시몽(François Simon) 정리, 2017년 1월 27일

Guillaume Gom
BRAGA

8인분
준비 : 20분
조리 : 2시간

재료
- 토마토 3kg
- 샬롯 3개
- 양파 3개
- 마늘 2통
- 꿀 40g
- 올리브오일
- 소금, 후추
- 부케가르니 1개

토마토 콩카세
CONCASSÉ DE TOMATE

1. 토마토 콩카세 준비하기
샬롯, 양파, 마늘의 껍질을 벗긴다. 양파와 샬롯을 잘게 썬다. 마늘은 반으로 잘라 싹을 제거한 다음 잘게 다진다. 토마토를 끓는 물에 살짝 데쳐내 껍질을 벗긴 다음 잘라서 속과 씨를 제거한다. 껍질과 속은 보관해두었다가 다른 레시피용으로 사용한다.
토마토 과육을 고루 익히기 쉽도록 균일한 크기로 깍둑 썬다.

2. 익히기
오븐 사용이 가능한 소테팬 또는 코코트 냄비에 올리브오일을 달군 뒤 샬롯, 양파, 마늘을 넣고 볶는다. 토마토를 넣고 토마토의 산미를 중화시켜줄 꿀, 부케가르니를 함께 넣어준다. 유산지를 냄비 크기로 자르고 가운데 작은 구멍을 내어 덮어 익는 동안 수증기가 빠져나가게 한다. 오븐에 넣어 2시간 동안 익힌다. 중간에 국물이 다 증발하지 않았는지 확인하고 필요한 경우 중간중간 저어준다.
마지막에 소금, 후추 또는 에스플레트 고춧가루로 간을 한다.

8인분
준비 : 10분
조리 : 20분

재료
- 우유 1리터
- 달걀노른자 10개분
- 설탕 180g
- 바닐라 빈 2줄기

크렘 앙글레즈
CRÈME ANGLAISE

1. 재료 혼합하기
볼에 달걀을 넣고 풀어준 다음 설탕을 넣는다. 거품기로 휘저어 색이 뽀얗게 변하고 거품이 날 때까지 섞어준다.
그동안 냄비에 우유와 길게 갈라 긁은 바닐라 빈을 넣고 가열한다. 끓지 않도록 주의한다. 우유가 뜨거워지면 반을 달걀, 설탕 혼합물에 붓고 잘 섞은 뒤 다시 모두 냄비로 옮겨 담는다.

2. 익히기
다시 불을 약하게 켠 다음 주걱으로 저어가며 크림이 걸쭉해질 때까지 가열한다. 크림 혼합물이 끓으면 절대 안 된다. 크림의 온도가 82℃가 될 때까지 익힌 뒤 불을 끈다. 약한 불로 오래 익힐수록 크림 농도가 부드럽고 균일해진다. 크렘 앙글레즈가 완성되면 재빨리 식힌 뒤 냉장고에 보관한다.

8인분
준비 : 5분
조리 : 10분

재료
- 달걀노른자 4개분
- 버터 400g
- 화이트와인 250ml
- 화이트 식초 또는 타라곤 식초 250ml
- 샬롯 3개
- 타라곤 잎 10g
- 처빌 잎 5g
- 타라곤, 처빌 줄기
- 소금, 굵게 부순 통후추

소스 베아르네즈

LA SAUCE BÉARNAISE

1. 식초, 와인 졸이기

샬롯의 껍질을 벗긴 뒤 잘게 썬다.
달걀의 노른자와 흰자를 분리해 볼에 담는다.
적당한 크기의 소스팬에 화이트와인, 식초, 잘게 썬 샬롯, 굵게 부순 통후추, 잘게 자른 타라곤과 처빌 줄기를 넣고 1/3이 될 때까지 졸인다. 색이 나지 않도록 주의한다.
이 작업은 몇 시간 전, 최대 며칠 전에 미리 해두어도 좋다.

2. 베아르네즈 소스 몽테하기

소스팬에 버터를 넣고 천천히 가열하여 녹인다. 끓지 않도록 주의한다. 층이 분리되면 표면의 흰 막을 걷어내고 맑은 부분만 조심스럽게 덜어내 정제 버터를 준비한다. 졸인 식초, 와인 혼합물에 달걀노른자를 넣고 거품기로 유화하며 사바용을 만든다. 계속 같은 방향으로 거품기를 저어가며 정제 버터를 조금씩 넣어 섞는다.

3. 소스 완성하기

소스에 간을 맞추고 체에 거른 뒤 잘게 썬 허브를 넣어 완성한다.
샬롯과 굵직한 후추가 살아 있는 좀 더 거친 식감과 강렬한 맛의 소스를 원하면 체에 거르지 않아도 된다.
소스를 따뜻하게 보관하는 동안 분리되지 않도록 주의한다. 만일 소스가 분리되면 찬물 몇 방울과 얼음 한 조각을 넣고 거품기로 다시 휘저어 복구해 준다.
이 소스를 베이스로 하여 소스 쇼롱(sauce choron), 소스 팔루아즈(sauce paloise), 소스 파요(sauce Foyot) 등의 파생 소스를 만들 수 있다.

8인분
준비 : 5분
조리 : 10분

재료
- 버터 35g
- 밀가루 35g
- 우유 1리터
- 소금, 넛멕, 굵게 부순 통후추

소스 베샤멜

LA SAUCE BÉCHAMEL

1. 루(roux) 만들기

적당한 크기의 소스팬에 버터를 넣고 아주 약불로 가열해 녹인다. 체에 친 밀가루를 넣고 저어가며 색이 나지 않게 천천히 익힌다. 소금, 후추, 넛멕으로 간한다.
이 과정은 미리 준비해 놓을 수 없다. 루를 익히는 과정은 여러 가지 이유로 인해 매우 중요하다. 너무 빨리 익히면 농후제로서의 기능이 약해진다. 덜 익으면 소스에서 밀가루 냄새가 날 우려가 있다. 루의 색은 흰색 또는 아주 연한 미색을 띠어야 되며 너무 색이 진해지면 소스가 갈색이 될 수 있으니 주의한다. 이 단계는 레시피에서 가장 중요한 과정이다.

2. 베샤멜 소스 만들기

두 가지 방법을 제시할 수 있다. 루를 미리 만들어 놓아 식은 경우 : 우유를 끓인 뒤 여기에 차가운 루를 넣고 약불에서 잘 저으며 15분간 익힌다.
루를 방금 만들어 아직 뜨거운 경우 : 차가운 우유를 넣고 약불에서 잘 저으며 15분간 익힌다.

3. 소스 완성하기

간을 맞춘 뒤 고운 원뿔체에 거른다.
소스를 사용하고자 하는 레시피(채소 그라탱, 크로크무슈 등)에 따라 루의 양을 조금 늘려 농도를 더 걸쭉하게 조절해도 된다.
소스의 표면이 굳어 막이 생기는 것을 방지하려면 차가운 버터 한 조각으로 표면을 살살 두드려 발라준다.
이 소스를 베이스로 하여 소스 수비즈(sauce Soubise), 소스 오로르(sauce Aurore) 등의 파생 소스를 만들 수 있다.

8인분
준비 : 5분
조리 : 10분

재료
- 샬롯 8개
- 화이트 식초 300g
- 생선 육수 400g
- 차가운 버터 400g
- 소금, 후추

뵈르 블랑

LE BEURRE BLANC

샬롯의 껍질을 벗긴 뒤 잘게 썬다. 입구가 넓은 냄비에 샬롯과 식초, 생선 육수를 넣고 1/3이 될 때까지 졸인다. 깍둑 썰어둔 차가운 버터를 넣어가며 거품기로 저어 몽테한다.
간을 맞춘다. 끓지 않도록 주의한다.
이 소스에 생크림 한 스푼을 첨가하면 뵈르 낭테(beurre nantais)를 만들 수 있다. 또한, 사프란이나 다양한 향신료를 더해 기호에 맞는 향을 낼 수 있다. 바닐라를 조금 넣은 뵈르 블랑 소스는 생선과 아주 잘 어울린다. 식초 대신 레드와인을 넣으면 붉은색의 뵈르 루즈(beurre rouge) 소스를 만들 수 있다.

8인분
준비 : 5분
조리 : 30분

재료
- 보르도 레드와인 750ml
- 샬롯 4개
- 사골 뼈 2토막
- 소스 에스파뇰* 300ml
- 타임, 월계수 잎
- 소금, 굵게 부순 통후추
- 레몬 1개

소스 보르들레즈

LA SAUCE BORDELAISE

1. 와인 졸이기

샬롯의 껍질을 벗긴 뒤 잘게 썬다.
적당한 크기의 소스팬에 레드와인과 타임 약간, 월계수 잎 1/2장을 넣고 끓여 1/4로 졸인다. 소금과 후추로 간한다.
이 과정은 미리 준비해 놓을 수 없다.

2. 소스 만들기

와인을 졸인 뒤 소스 에스파뇰을 넣고 약 10분 정도 끓인다. 표면에 뜨는 거품과 불순물을 걷어낸다. 고운 원뿔체에 거른 뒤 따뜻하게 보관한다.
이 소스를 미리 만들어 둔 경우에는 계속 뜨겁게 유지하는 것보다는 식힌 뒤 다시 데워 사용하는 것이 혹시라도 나타날 수 있는 쓴맛을 방지하는 데 더 좋다.

3. 소스 완성하기

간을 맞춘 뒤 레몬즙 몇 방울, 필요한 경우 데미글라스 농축액, 깍둑 썬 사골 골수 몇 조각을 넣어준다.
원래 보르들레즈 소스는 화이트와인으로 만들었다. 이 경우 고기 육수 대신 생선 육수를 사용한다. 이처럼 변형한 소스는 생선요리에 아주 잘 어울린다.

* sauce espagnole : 다양한 소스의 베이스가 되는 모체 소스의 하나로 갈색 송아지 육수, 갈색 루, 토마토 페이스트와 각종 향신 채소를 넣어 만든다.

8인분
준비 : 5분
조리 : 10분

재료
- 달걀노른자 4개분
- 버터 400g
- 화이트와인 250ml
- 화이트식초 또는 타라곤 식초 250ml
- 샬롯 3개
- 토마토 콩카세 4테이블스푼
- 타라곤 10g
- 처빌 5g
- 소금, 굵게 부순 통후추

소스 쇼롱

LA SAUCE CHORON

1. 식초, 와인 졸이기

샬롯의 껍질을 벗긴 뒤 잘게 썬다.
달걀 노른자와 흰자를 분리해 볼에 담는다.
적당한 크기의 소스팬에 화이트와인, 식초, 잘게 썬 샬롯, 굵게 부순 통후추, 잘게 썬 타라곤과 처빌을 넣고 가열해 1/3이 될 때까지 졸인다. 색이 나지 않도록 주의한다.
이 과정은 몇 시간 전, 최대 며칠 전에 미리 해두어도 좋다.

2. 베아르네즈 소스 만들기

버터를 끓지 않도록 주의하며 가열하여 녹인다. 필요한 경우 맑은 층만 분리하여 정제 버터를 만든다. 졸인 와인, 식초에 달걀노른자를 넣고 거품기로 저어 사바용 농도가 되도록 유화한다. 계속 거품기로 저으면서 녹인 버터 또는 정제 버터를 조금씩 넣어준다.

3. 소스 완성하기

간을 맞춘 뒤 고운 원뿔체에 거른다. 잘게 썬 토마토 콩카세를 넣고 잘 섞은 뒤 서빙한다.

8인분
준비 : 5분
조리 : 10분

재료
- 달걀노른자 4개분
- 버터 400g
- 물 200ml
- 화이트 식초 150ml
- 레몬 1개
- 소금, 굵게 부순 통후추

홀란데이즈 소스

LA SAUCE HOLLANDAISE

1. 사바용 익히기

달걀 노른자와 흰자를 분리해 볼에 담는다.
적당한 크기의 소스팬에 물과 식초를 넣고 가열해 1/3이 될 때까지 졸인다.
소금, 굵게 부순 통후추를 넣어 간한다.
이 과정은 미리 준비해 놓을 수 없다.
이어서 소스팬을 중탕 냄비 위에 올린 뒤 몇 분간 식힌다. 달걀노른자를 넣고 사바용 농도가 될 때까지 거품기로 저으며 유화한다.

2. 홀란데이즈 소스 만들기

버터를 끓지 않도록 주의하며 가열하여 녹인다. 필요한 경우 맑은 층만 분리하여 정제 버터를 만든다. 아주 좋은 품질의 비멸균 생우유 버터를 사용해도 좋다.
이어서 거품기를 같은 방향으로 계속 휘저으면서 사바용에 버터를 조금씩 넣어준다.

3. 소스 완성하기

간을 맞춘 뒤 레몬즙을 몇 방울 넣어준다. 고운 원뿔체에 거른 뒤 서빙할 때까지 중탕으로 따뜻하게 보관한다.
소스를 따뜻하게 유지하는 동안 분리되지 않도록 주의한다. 만일 소스가 분리되면 찬물 몇 방울과 얼음 한 조각을 넣고 다시 휘저어 회복한다.
이 소스를 베이스로 하여 소스 샹티이(sauce chantilly) 또는 소스 무슬린(sauce mousseline), 소스 누아제트(sauce noisette) 등의 파생 소스를 만들 수 있다.

마요네즈 소스

LA SAUCE MAYONNAISE

8인분
준비 : 5분

재료
- 달걀노른자 1개분
- 매운맛이 강한 머스터드 1테이블스푼
- 포도씨유 또는 해바라기유 300ml
- 식초 또는 레몬즙 60ml
- 소금, 후추

달걀노른자를 분리해 마요네즈를 만들 볼에 담는다.
머스터드 1테이블스푼을 넣고 소금, 후추를 넣는다. 식초 또는 레몬즙을 넣고 거품기로 저으면서 풀어준다.
기름을 조금씩 넣어가며 거품기를 같은 방향으로 계속 저어 섞는다. 간을 맞춘 뒤 서빙한다.
기름의 양을 더 많이 넣을수록 더 되직한 마요네즈를 만들 수 있다. 반대로 달걀노른자 양이 많아질수록 더 부드럽고 풍부한 맛의 마요네즈를 만들 수 있다.
사용하는 기름과 식초는 기호에 따라 다양하게 선택할 수 있다.
이 소스를 베이스로 하여 타르타르 소스(sauce tartare), 칵테일 소스(sauce cocktail) 등의 파생 소스를 만들 수 있다.

샤토 데 튈르리의
세브르산 도자기
(1845년) 소스 용기

소스 낭튀아

LA SAUCE NANTUA

8인분
준비 : 30분
조리 : 30분

재료
- 민물가재 껍데기와 자투리 또는 민물가재 1kg
- 당근 3개
- 양파 1개
- 샬롯 2개
- 생토마토 500g
- 토마토 페이스트 50g
- 생선 육수 1리터
- 생선 블루테 500ml
- 생크림 200g
- 버터 100g
- 코냑 50ml
- 드라이 화이트와인 200ml
- 부케가르니 1개
- 올리브오일
- 소금, 에스플레트 고춧가루

1. 민물가재 준비하기

민물가재 껍데기 및 자투리가 있다면 바로 준비를 시작할 수 있다.
활 민물가재를 준비한 경우에는 솔로 닦아 씻은 뒤 내장을 제거한다.
내장을 제거한 민물가재의 머리와 꼬리(살부분)를 분리한다. 살은 따로 보관해두었다가 다른 레시피에 사용하거나 이 소스를 곁들일 요리로 만든다.

2. 소스 만들기

양파, 샬롯, 당근의 껍질을 벗긴 뒤 씻는다. 모두 미르푸아로 깍둑 썬다.
토마토를 씻은 뒤 꼭지를 떼어내고 깍둑 썬다.
넓은 냄비에 올리브오일와 약간의 버터를 달군 뒤 민물가재 머리를 넣고 볶는다. 너무 센 불에 볶아 타지 않도록 주의한다. 소금을 조금 넣어 간한다. 선명한 붉은색이 날 정도로만 볶으면 된다. 너무 오래 볶으면 타서 쓴맛이 날 수 있으니 주의한다. 샬롯, 양파, 당근을 넣어준다. 소금을 넣고 몇 분간 수분이 나오도록 함께 볶아준다.
코냑을 넣고 불을 붙여 플랑베한 뒤 화이트와인을 넣어 디글레이즈한다. 센 불로 가열해 몇 분간 졸인 다음 생선 육수를 넣어준다.
이어서 잘게 썬 생토마토와 부케가르니를 넣고 에스플레트 고춧가루를 칼끝으로 아주 조금 넣어준다. 끓기 시작하면 불을 줄인 뒤 20분간 약하게 끓인다.
불 조절에 주의한다. 국물이 뿌옇게 변하거나 너무 많이 증발하지 않도록 약불로 끓이는 것이 중요하다.
20분간 끓인 뒤 민물가재 건더기를 건져 절구로 잘게 부순다. 다시 냄비에 넣고 15분간 더 끓인다. 원뿔체에 거른다. 작은 국자로 꾹꾹 눌러 최대한 국물을 많이 짜낸다.

3. 소스 완성하기

소스를 소스팬에 넣는다. 리에종한 생선 블루테(velouté de poisson) 500ml를 넣고 졸인다. 이어서 생크림을 넣고 다시 졸인 뒤 나머지 버터 50g을 넣고 거품기로 저어 몽테한다.

감사의 말

—

수년 동안 일상의 메뉴를 고르고 정하며 의견을 함께 나누어주신 역대 영부인들, 브리지트 마크롱[Brigitte Macron], 발레리 트리에르베일레르[Valérie Trierweiler], 카를라 브루니 사르코지[Carla Bruni-Sarkozy], 베르나데트 시라크[Bernadette Chirac]님께 감사를 전합니다. 베풀어주신 호의와 항상 경청해주심에 경의를 표합니다.

늘 저를 신뢰해주신 자크 시라크[Jacques Chirac], 니콜라 사르코지[Nicolas Sarkozy], 프랑수아 올랑드[François Hollande], 에마뉘엘 마크롱[Emmanuel Macron] 역대 프랑스 공화국 대통령들께 깊은 감사를 전합니다.

엘리제궁의 주방을 책임졌던 전임자 마르셀 르 세르보[Marcel Le Servot], 조엘 노르망[Joël Normand], 베르나르 보시옹[Bernard Vaussion] 셰프들의 지원과 우정에 감사를 표합니다.
수년에 걸쳐 저의 메뉴 목록을 더 풍성하고 충실하게 만들어주신 셰프들과 바냉주 방클레프[Vaninge Vanquelef]에게 깊은 감사를 드립니다.

열정과 수고를 쏟아 부으며 프랑스 테루아의 가장 좋은 먹거리들을 기르고, 생산하고 선별하고 제조하고 수확해주신 모든 분들에게 감사를 드립니다. 그들의 노고 없이는 요리도 요리사도 존재할 수 없습니다.

엘리제궁 대통령 관저 주방에서 저를 도우며 이 책을 만드는 데 도움을 준 요리사 세드릭 샤보디[Cédric Chabaudie], 리오넬 베이예[Lionel Veillet], 대통령 관저의 페이스트리 셰프인 크리스텔 브뤼아[Christelle Brua], 요리와 파티스리를 담당하는 모든 주방 식구들에게 감사를 전합니다. 이들 중 몇몇은 벌써 20년 이상 호흡을 맞춰온 동료이기도 합니다.

이 책을 만들어내기 위해 열정을 갖고 주제에 대한 의견을 나누며 오랫동안 토론한 스테판 뤼에[Stéphane Ruet], 에밀리 랑[Émilie Lang]에게 감사를 드립니다. 그들이 없었다면 이 책은 탄생하지 못했을 겁니다.

대통령실의 식사 메뉴에 관해 귀한 도움과 자신의 경험을 공유해준 친구 크리스토프 마르갱[Christophe Marguin]에게 감사를 전합니다. 또한 마다가스카르에 개설한 기욤 고메즈 요리 학교(Institut d'Excellence Culinaire Guillaume-Gomez) 등 우리가 지켜나가고자 하는 좋은 의도에 뜻을 같이하여 자신의 메뉴를 제공하고 재정적 지원을 아끼지 않은 것에 대해서도 깊은 감사를 표합니다.

에콜 드 펠릭스 재단(Fondation École de Félix)이 추진한 기욤 고메즈 요리 학교 개설이라는 놀라운 인류애적 모험에 동참해주신 마티아스[Mathias]와 고티에 이즈마일[Gauthier Ismail] 그리고 페르 페드로[Père Pedro]와 OSO 팀에게도 감사를 전합니다.

이 책을 출간해주신 셰르슈 미디[cherche midi] 출판사에 깊은 감사를 드립니다. 특별히 필립 에라클레스[Philippe Héraclès], 베르나데트 카유[Bernadette Caille], 래티시아 케스트[Lætitia Queste], 시몽 라뵈브[Simon Laveuve]와 그레고리 모랭[Grégory Morin]에게 감사의 마음을 전합니다.

이 책을 만드는 수개월 동안 애써주신 1827 에이전시(agence 1827)의 마리[Marie], 마고[Margaux], 마리 샤를로트[Marie-Charlotte], 엘리[Eli], 엠마[Emma]에게 감사를 전합니다.

주방에서 요리와 시간, 맛있는 음식과 그 기쁨을 함께 나눔으로써 이 책에 생명을 불어넣어줄 모든 이들에게 감사를 전합니다.
각종 모임을 통해 만났거나 프랑스 및 해외에서 우리가 이끌고 있는 다양한 단체나 연합활동 등을 통해 협력하여 함께 일했거나 만났던 모든 셰프, 자원봉사자, 친구, 이 아름다운 가족들, 저의 삶을 풍요롭게 해주었던 이 모든 분들에게 깊은 감사를 드립니다.

좀 더 개인적으로는,
요리사 직업학교 에콜 드 파리 실습을 엘리제궁에서 시작한 이래 제게 수시간, 수일, 경우에 따라서는 수년간 자신들의 열정과 기술, 태도, 비법과 이 직업에 대한 사랑을 아낌없이 전수해주신 셰프님들에게 진심으로 감사를 전합니다.

개인적으로나 직업적인 면에 있어 오늘날의 제가 있도록 만들어준 자크[Jacques], 조세[José], 조니[Johny], 조니[Johnny], 조엘[Joël], 이니셜 J로 시작하는 이 다섯 분에게 감사를 드립니다.

매순간 제가 늘 생각하고 있는 나의 부모님께 감사를 드립니다. 그들은 언제나 저의 선택을 지지해주셨고 제가 선택한 요리사라는 직업으로 방향을 정하도록 제 의견을 존중해주셨습니다. 요리라는 일이 아직 인기가 없던 그 시절 "제대로 된 진짜 직업"을 선택하는 게 어떠냐고 말하는 사람들도 있었지만 부모님은 저의 결정을 지지해주셨습니다.

마지막으로 그리고 언제나...
제가 몸담고 있는 이 일을 위해, 저의 열정을 위해 그리고 제가 없을 때마다 빈자리를 채워주는 사랑하는 사람들에게 깊은 감사의 마음을 전합니다.

G.G

카프레르(Capraire) 도자기 에그컵. 1826년산.

레시피 찾아보기

–

소스 SAUCES

디저트 DESSERTS

사진 저작권

—

PHOTOGRAPHIES :
Simon Laveuve (SLP).

AFP : p. 41 (photo UPI),
210 (photo Ludovic Marin).
Archives nationales : p. 16, 30, 37, 46, 49, 80, 151 (photo DR), 181 (photo C. Alix).
Bridgeman/leemage : p. 22-23 (photo De Agostini).
Gamma-Rapho : p. 61 (photo Keystone), 115 (photo Keystone), 132 (photo Sébastien Dufour), 160 (photo Jean-Luc Luyssen), 168 (photo Alain Benainous).
Sipa : p. 148 (photo Sergei Guneyev).

ŒUVRES REPRODUITES :
Albert Decaris (© ADAGP, 2020) : p. 34
Nicolas Poussin, Arbres dans une prairie, 1630-1635 : p. 67
Auguste Renoir, La Cueillette, vers 1885-1886 : p. 72
Georges Braque (© ADAGP, 2020), L'Homme à la guitare, 1914 : p. 88
Eugène Delacroix, aquarelle vers 1847-1949 : p. 95
André Derain (© ADAGP, 2020), Les Deux Péniches, 1954 : p. 102
Maurice Estève (© ADAGP, 2020), Bélasse, 1966 : p. 111
Pierre-Joseph Redouté, aquarelle, nd : p. 112
Bernadette Kelly (© ADAGP, 2020), Nature morte, 1993 : p. 119
Edgar Degas, Étude pour l'une des suivantes de Sémiramis, 1918 : p. 128
Nicolas Robert, Campanula glomerate : p. 154
Gustave Moreau, Les Plaintes du poète, nd : p. 174
Charles Gavard, Maréchal Bernadotte, 1839 : p. 184

대통령의 식탁
1판 1쇄 발행일 2023년 3월 15일
저　자 : 기욤 고메즈
번　역 : 강현정
발행인 : 김문영
펴낸곳 : 시트롱 마카롱
등　록 : 제2014-000153호
주　소 : 경기도 파주시 책향기로 320, 2-206
S N S : @citronmacaron
이메일 : macaron2000@daum.net
ISBN : 979-11-978789-3-0 03590